光阴虽浅 不可辜负

让对的人进驻
让好的事发生

杨嘉玲 著

中国青年出版社
CHINA YOUTH PRESS
中青文传媒

图书在版编目(CIP)数据

光阴虽浅，不可辜负：让对的人进驻，让好的事发生 / 杨嘉玲著.
—北京：中国青年出版社，2021.1
ISBN 978-7-5153-6178-9
Ⅰ.①光… Ⅱ.①杨… Ⅲ.①成功心理–通俗读物 Ⅳ.①B848.4-49
中国版本图书馆 CIP 数据核字（2020）第173079号

本书通过四川一览文化传播广告有限公司代理，经采实文化事业股份有限公司授权出版中文简体字版。

光阴虽浅，不可辜负：
让对的人进驻，让好的事发生

作　　者：杨嘉玲
策划编辑：肖妩嫔
责任编辑：肖　佳
文字编辑：胡一鸣　张祎琳　周楠楠
美术编辑：杜雨萃　靳　然
出　　版：中国青年出版社
发　　行：北京中青文文化传媒有限公司
电　　话：010-65511270 / 65516873
公司网址：www.cyb.com.cn
购书网址：zqwts.tmall.com
印　　刷：北京诚信伟业印刷有限公司
版　　次：2021年1月第1版
印　　次：2021年1月第1次印刷
开　　本：880 × 1230　1 / 32
字　　数：90千字
印　　张：7.25
京权图字：01-2019-0168
书　　号：ISBN 978-7-5153-6178-9
定　　价：39.00元

目 录
contents

目 录

目 录

前言

亲爱的，请不要再那么努力了

从事咨询和沟通教育多年，一直以来我都在帮助人们修复不良关系在心中留下来的伤痕。无论是协助当事人觉察自己的表达方式、提升社交沟通能力、回溯童年的成长经验、宣泄内在的情绪能量，抑或是正向诠释生命经验等，不管哪一种学派法门，背后都有一个潜在的假设是：

当事人之所以会遭遇关系难题，必定是因为他的内在欠缺某种技巧，或尚未跨越某种情结，以至于他无法和眼前的人创造好的互动与联结。只要能够找到并补上这个关键点，问题就会消失。**也就是说，他必须通过自身的努力克服当前的困境。**

这样的说法，非常受大众欢迎，毕竟这整个社会追求一种自立自强的态度，期待每个人都能承担责任，做自己生命的英雄。只要恶魔没被打倒，就是自己能力不足，要不断地修炼等级、加强配备，只要不放弃，最后一定可以打怪成功。

但真的是这样吗？这世上所有的难题都一定有解药吗？

我曾经遇到一位非常优秀的女性，她为了改善母女关系，投入了许多时间和金钱，上了不少课程。认识她的人都觉得她善解人意，很懂得为人着想，没有什么事情是她协调不来的。但她心中一直有个遗憾是，无法好好跟母亲和平共处，每回母女相见总是剑拔弩张，母亲一直数落她的不是。她不断地调整自己，以符合母亲的期待，却总是徒劳无功。

我们花了不少的时间讨论，都找不到改善关系的症结点。某次，在一声沮丧的叹息声后，我很直接地问她："撇开母亲不谈，你的生命还有什么让你觉得不足的吗？"

她第一时间愣住，吸了一大口气后说："如果我没有这个母亲，我应该会觉得自己是一个很幸福的人。我已经拥有想得到的一切了。”

接着，我又问她：“这么长时间以来，你一直很想修复母女关系，但你想过，你的母亲是否有和你同样的意愿呢？寻求一个和谐关爱的家庭，真的是她在乎的吗？”

她睁大眼睛看着我，仿佛我说的是外星语。沉默了好一段时间后，才幽幽开口：“我从没想过，我一直以为妈妈都应该是爱孩子的。但你说得对，或许她并不渴望亲近，没有我的生活，她并不可怜。她有自己的兴趣和重心，我的介入反而是一种干扰。是我强迫她登台，和我演一出美满家庭的大戏，却还怪她演得不到位。”

“这不是你的错，是我们这整个社会对关系和谐有一种莫名的强迫症。认为只要关系有裂痕，都应该要尽力去修补、坦承过失、取得原谅。不愿意承认遗憾，才是关系中最常见的结局。”

那次晤谈，给我和当事人都留下非常深刻的印象。面对关系的裂痕，除了修复，我们还有别的选择吗？会不会关系之所以会造成伤害，是因为我们太过执着？只渴望从某一个人身上，获得心理上的满足，却忘了关系是两个人的事，只要一方不移动，快乐就不会到来。

日剧《Dr. 伦太郎》中，当某位精神科医生面对一个忧郁得要自杀的女性时，他并非劝说着，世界有多美好，要坚强勇敢地活下去……而是看穿了对方心底的伤，对她说："请不要努力了，你已经坚持到无法坚持的地步了吧！"

不论再怎么用力，情况都很难改善，为何不放过自己呢？学会心疼自己，不在心里头装进那么多的累赘与负担，是一种比勇往直前，更需要勇气的事。

关系就像房子，需要定期清理

记得有一段时间，关于居家清理的书非常畅销，人人都在学着怎么对物品断舍离，摆脱不必要的负担，让生活恢复清爽。但我们似乎从来没有仔细考虑过，我们的内在究竟有多少心理空间？可以装进多少人？以及这些人究竟是怎么盘踞或瓜分心理空间的？谁值得留下，谁应该离开？

我们好像就是被动地接受一段又一段关系，惦记一个又一个名字，即使那个人不存在于生活中，却仍在情绪里，消耗你不少的心力。当我们学会了一个又一个断舍物品的技术，有效率地为物理空间瘦身，去除不必要的囤积，同样的道理，可以运用在心理空间上，找回生命的质量吗？

有一次，我在工作中遇到一件烦心的事，合作窗口的工作态度让人非常生气，已经困扰我好一段时间，即使下班回家心中仍牵挂这件事情。某晚，为了让自己恢复平静，我拿起吸尘器吸去地上的碎屑。吸着吸着，我突然意识到一件很重要的事情，**我这么努力打扫维持家里的整洁，出门也不随意乱买东西回家，但为何我却让一个不重要的人，轻易地占据我的心理空间，在里头留下脏乱呢？**

那时，我才猛然察觉，我并没有如同爱惜自己房子般，珍惜自己心里的家。**关系就像房子，需要定期清理**。我不只没有定期打扫整理，还在里头堆满各种杂乱的关系。有些是好的，有些是坏的，但当它们全部都混在一起，没有区隔出界限时，即使是好的，也很容易被污染、淹没。

从那之后，我就明白了关系是需要定期修剪、清理的，让它恣意地蔓生，只会带给我们越来越多的负担和痛苦。

你多久清理一次心里的家

整理物理空间和心理空间，两者在某些地方的逻辑是相似的，**若只是因为可惜，而紧紧留着不会再用到的东西，其实是把能量留在过去，而不是创造美好的现在**。

同样的，在人际中，痴痴守着不会再有交集的关系，等待对方回心转意，也是一种对幸福的推迟，不懂得珍惜当下。

每年农历春节前，我们都会不由自主地想要进行一场大扫除，丢掉不需要的物品，借此去除霉运，好好迎接新的一年，期盼通过清洁，让家的能量流动起来，带来好运。假使来不及完成，心里还会有一种隐隐的不安，觉得少做了一件要紧的事情。但我们从小活到大，好像从没有想过心理空间也是需要整理的。花一点时间好好面对那些已经冷却的关系、感觉束缚的互动，从中获得解脱，进而祝福自己遇到更值得的人，并创造更好的联结。

你的手机里，是否有你非常不喜欢的群组？你受不了里面人发表的言论、错误的文章和观念，可你就是无法按退出，你害怕别人的眼光，你想当一个合群的人，不想让人觉得你不团结，所以你忍受着形式化的早安、午安、晚安，以及那些无聊笑话和罐头祝福。

抑或是你已经长大了，可是你的爸妈仍把你当个孩子般照料，希望你别出门，待在家就好，或天天回家吃饭。可是他们把你留在身边，却不知道该怎么和你相处，只能盯着无聊的节目，没办法好好交流，多说两句就会吵架。你感觉孤单、寂寞、空虚，快要窒息，但他们却不断地给你洗脑，家人本来就该时时守在一起，这样才是幸福。

你无法拒绝，因为你受不了他们失望的表情和眼泪，那让你感觉到愧疚。

是时候该好好清理自己的心理空间了

通过这本书，你会知道如何健康地看待一段关系，设定合理的期待和距离，学习辨识并割舍关系的肿瘤，在坏的人际毒素释放前，就先主动隔离，避免拖延到最后癌细胞越长越大，伤害到你的灵魂与自信。

当一段关系无法带给你满足与帮助，只剩下沉重的包袱与束缚，它就会变成一种情绪黑洞，吞噬掉你的自我与快乐。

唯有你勇敢地学会切割，放开那些阻碍你身心平衡的人、事、物后，新的位置才能空得出来，并且重新用美好的关系和经验充实它。

只要你开始把书上学到的观念和技巧放到真实生活中

练习，就会发现自己不仅笑容变多、时间变充裕、身体更健康，更重要的是，你找回了自由的自己，活出了生命的质量与高度！

我们要追求的不只是房子的整洁，还有内在的平静。
心理空间已经很狭小了，无须堆放着过期的关系。
“不忍心”所造成的蹉跎，是阻碍彼此幸福的关键！
来一场人际大整理吧！腾出空间，对的人才进得来！

1

第一部分

有些关系真的很伤人

第 1 章 是什么让美好的关系变了调

那些总让人叹息的关系

“我都已经长大，有独立的工作，但我妈坚持要求我每天晚上十点回到家，不准外宿、晚归，即使我告诉她公司有活动，得陪客户应酬，她依旧不能谅解。假日也无法出门，只能待在家里，因为出门就会花钱，她觉得那些交际都是虚伪的来往，只有家人才最真心。我像是被她囚禁的小鸟，除了家这个牢笼，哪里都去不了。”

“婆婆坚持每个星期都要我们带孙子回家吃饭，如果晚回去了，还得听她碎念我们做大人的没有成为孩子的榜样，一定是太晚睡，才会爬不起来，小孩才会那么瘦、长不高。我试着解释，但她从没打算听，只是不断地播放相同的唠叨，我想捂上耳朵不要听，转身离开，可我知道这么做只会让情况更糟，只好转头向先生寻求安慰。但他只会劝我忍一忍，老人家只是爱念，没有坏心，不要把气氛弄太僵。我的婚姻就在这样的消耗下，变得越来越糟。”

“自从小孩出生后，我先生从没带他们上过一次学、看过一次医生。每回我忙得团团转，请他帮忙，他老回我：‘小孩又不听我的话，一下子就哭着找妈妈，我去不是多此一举吗？’我实在很想反问他，这个小孩到底是跟谁姓，怎么他好像是个局外人？”

“我的闺蜜心情不好时，总希望我能立刻出现陪伴她，可是当我有需要请她帮忙，她却推三阻四，我常常怀疑在这段友情里，她扮演的是千金大小姐，我只是卑微的丫鬟。”

“我有一个朋友对我很好，在我刚起步时，给了我许多事业上的协助，我非常感激他。可是日子久了，他越来越看不惯我身边的人，常常私下讲他们的坏话，让我卡在中间很为难。我想脱离他的控制，可是又担心失去他的帮助，我会在这个圈子被孤立；想要拉开一点距离，又怕被说忘恩负义。我知道这段关系已经变质了，可我却无法结束它。”

你也曾遭遇过这些类似的状况吗？有些人你每想起一次就叹气一回，你试过许多沟通方法，可问题始终无法改变。

那些关系里的摩擦，起初就像身体的小发炎，因为不会太痛，所以也就不太注意，忍一忍就过去了。等争执变多，伤口开始化脓，疼痛的感觉增加后，你意识到需要解决了，可是又担心其他好的互动会跟着一起被消灭，也害怕自己挺不过治疗过程的副作用，那些相伴而生的罪恶感，让你难以动弹。就这样拖着没有实时处理，放任它渐渐恶化成肿瘤，在你心里不正常地增生，持续吸收你的能量，最后变成侵蚀你快乐的关系癌。让你在面对关系时，越来越痛苦。

一个不鼓励告别的社会，很难学会好好在一起

仔细深入关系，当我们和另一个人有联结的那一刻，其实我们同时拥有两种时空，一个是“我”（I），一个是“我们”（US）。有些“我们”比较亲密，有些“我们”比较疏远，交织而成的便是你与这个世界的距离。

理论上，这两种状态都应该被关注、照料，甚至应该要先把“我”照顾好，才有可能在关系里付出爱，而不是一种交换。所以才有人说：“当你不懂得爱自己，跟谁在一起都是流浪。”但在我们的文化里，只要一进入了关系，这个“我”就会消失，考虑的总是“这么做，他会怎么看我”“如果不听话，她会不会很难过”“我们难道不可能找到共识，和平相处吗”。我们必须时时把他人放在心中，很少能单纯地只先考虑“自己”，害怕这么做，就会被贴上自私的标签。

一旦启动了关系，就像搭上了一列单程车，期待关系一路向前，越来越深刻、信任，很难接受“退回“或“暂停”，对于“分手”“告别”“绝交”更是有满满的担心和恐惧，才会在新闻上，三不五时地看到情杀事件或恐怖情人。

整个社会对于“分离”有高度的焦虑和不安，最明显的证据就是我们不谈论死亡。

但一件物品不管再怎么牢靠，都有折旧、耗损，更何况是每天都在变化的人呢？不同阶段的想法和需要，就会带给关系不同的考验与挑战。

关系的跌宕，就像四季的更替，假使我们一直不愿意正视关系是会随着时间发生质变的，一味地推崇“桃园三结义”、鲍叔牙和管仲等那种一辈子相挺的情义，很有可能这样的执着，反而会为我们带来更大的伤害，犹如酷暑一直不消退、寒冬迟迟不离境，所造成的负担更为沉重。

变调的关系

曾经有一个老板告诉我，他有一位朋友在他刚创业时，给了他很大的支持和提携，让公司顺利生存下来。这个老板为了回报，就让朋友负责自己公司某一项目的订单。但随着市场波动起伏，彼此的经营方向开始有了变化，这个朋友负责的部分，产能与质量渐渐跟不上时代。

理论上，这个老板必须重新调整与朋友的合作关系，选择终止或减少订量。但他却因为私人因素，太重情分，觉得承诺了，就得负责到底，一直没有找朋友好好讨论，告诉他产品哪里出了问题。就这样拖到最后，出了事，赔了不少违约金，不仅友谊没了，对方还怪他拖自己下水。

这段关系之所以无法延续，是因为时间的推移改变了他们身上的角色，可是他们本人却没有意识到。

当关系从原本的朋友变成合作伙伴后，需要关注的事情已超越感受问题，还包含其他具体的责任。例如：老板得负责整个公司的生存，他不能用个人的喜好与交情决定订单该怎么下，合作方该是谁。他必须站在一个综观全局的角度，以公司的利益为优先，做出最适当的决策，才是一个负责任的人。但这种决定有可能是和友谊相冲突的。于是两个人的关系，就不可能跟当朋友时相同。

同样的，学生时代再要好的朋友，进入社会，生活圈不同，就会减少联系。那些曾经疯狂投入的社团、嗜好，每次见面都聊不停的人，也会因为注意力的转移，彼此不再有交集。

时间带着大家走向不同的旅程，增添新的经历，彼此的交集会变得越来越少，原本共同有兴趣的话题或默契，必将渐渐淡去，只剩下回忆。如果我们不接受这个事实，硬要像学生时代一样互动、对谈、交换心事，就会造成彼此的压力和负担。

即使是血缘关系，也会因为生命阶段的不同，各自有自己的发展任务，使关系产生变化，必须重新调整距离和

互动方式。最明显的就是父母必须接受孩子长大后，会有自己的同侪，需要建立自己的社交、探索个人的天分，不会像小时候想要长时间跟家人相处。

因为时间改变孩子生活组成的成分，从原本单纯的家人，慢慢增添新的同学、师长和朋友，他会开始希望获得这些人的认同与喜欢。同时，他的自我概念也会慢慢浮现与强化，进而建立属于自己的逻辑与价值观，不可能再像小时候那样听话与顺从。

此时，如果爸妈不愿改变相处模式，仍旧想要掌控孩子，子女做任何决定全都得经过父母的同意，那么孩子的自我就会慢慢在这个过程中被谋杀掉，成为关系的禁脔。

随着时间的推进，关系会产生质变

法国诺贝尔文学奖得主罗曼・罗兰（Romain Rolland）曾说：“即使一动不动，时间也在替我们移动，而日子的消逝，就足以带走我们希望保留的幻想。”不论是何种关系，亲情、爱情、友情、同事，我们都必须承认，“时间”会带来各式各样的变化与挑战（角色、环境、经验、任务、期待、兴趣等），让关系有了不同的发展，不可能停留在相识的那一刻，用同样的模式互动到老。

关系的经营，就像是走在一条细细的绳索上，每一步都得用心且专注，动态平衡，是绝对必要的调整，停止不动反而更容易掉落，不仅限制了彼此的成长，还让原本运作顺利的幸福变调。

原生家庭与新家庭

明远从小就是个听话的孩子，读书时顺着父母的期待考上电机系，毕业后到竹科（中国台湾最富盛名的科学园区）工作，接着在爸妈的安排下相亲，娶了一位小学老师，生了两个小孩。但高压力的工作，让他渐渐无法负荷，和老婆的关系也越来越疏远。他想辞职转换跑道，多一点时间陪陪家人，可是爸妈不答应。他们觉得这工作稳定又称心，不断说服明远离开会后悔，男人本应该在外赚钱养家，教养孩子的事情交给老婆就好，还私下约谈儿媳妇，要儿媳妇懂得体谅先生，以免造成夫妻间更多的争执。明远不敢违逆父母，切割和父母的关系，捍卫自己所组的新家庭，到最后老婆铁了心地离婚，成为明远这辈子最大的遗憾。

为何从小听爸妈的话，获得了一份不错的工作，娶妻生子的明远，到最后家庭关系仍旧弄得一塌糊涂？表面上明远的问题是“该不该辞职”，但背后真正的原因仍旧是因为时间所创造的变动，让他对自己的“角色认定”出现新的体会。

结婚之前的明远，总是以父母的意见为依归，只要父母开心，他再辛苦都值得。但结婚后，他意识到自己不只有儿子的角色，他还是别人的丈夫与父亲，他渴望与妻小有更多情感上的联结，而不只是一个把钱带回家的人。时间的催化，让他从当好爸妈的乖小孩，慢慢演变成想要当妻子与孩子心中的支柱。

但明远的爸妈没有意识到这一点，反思自己对明远的期待是否还合乎时宜，配合明远的角色与生命阶段重新调整，仍旧想要用旧方法继续控制孩子（对明远情绪勒索、对媳妇道德施压），因而造成关系的紧张与冲突。

此刻明远所面对的关系难题，已经不只是单纯用沟通就能解决的，他必须拿出勇气，进行适度的割舍。明白自己不能够再无条件满足爸妈，无法为了符合爸妈的期待而牺牲自己的幸福，也必须把那些让他感觉到矛盾与拉扯的想法清理出去，拉开与爸妈的心理距离，如此才能让原本拥挤杂乱的心理空间重新获得释放，重新摆放爸妈在自己心里的地位，否则，他就没有足够的空间让自己所重视的妻小住进来。最后，只能眼睁睁看着自己的婚姻和亲子关系破裂。

许多时候，真正让关系变质的，并非是那些表面上的问题或事件，而是时间带来的各种改变，使关系已经不适合再用旧的模式互动，需要找到新的相处之道。此时，只要其中任何一方，不愿意承认情势已经改变，关系就会出现问题。

放手，是为了让彼此成为更好的人

人们总说，世界上，唯一不变的是“变”。然而，推动这一切所有改变的根本元素，就是“时间”。

时间，会让一个孩子长大成人；

时间，会让一对恋人相遇相爱；

时间，会让一家公司成长茁壮；

时间，使一切趋于成熟，却也预示着毁坏。

时间，会让一个人发鬓斑白；

时间，会让一颗心破碎哭泣；

时间，见证所有衰败灭亡，包含关系。

许多人在关系中，因为无法意识时间的流动，而紧紧抓着最初的记忆，期待用同样的模式，互动一辈子，否认或忽视关系中的两人，身上早已发生了翻天覆地的变化，最终才会留下许多遗憾与伤痛。倘若你懂得在评估关系时，放入时间的元素，就会明白适度的调整、代谢、更迭，甚至放手、离开都是必要的，你就不会对告别有那么大的恐惧或排斥。那绝对不是彼此喜不喜欢的问题而已，而是为了让生命得以往下一个阶段推进。

就像果实成熟后，终有一天必须离开养育它长大的树梢。假使满树的果实早已饱满，却迟迟不愿掉落，继续吸收母树的养分，那么母树就会因为过重倾斜，失去原本的支撑力，无法再继续进行光合作用，进而影响到下一个循环的生长。最后，所有的果实和树木就只能留在原地腐败。

时间为我们建立了关系，可也带来许多相处的摩擦与负担，迟迟不面对，就会变成关系的毒瘤，破坏原有的幸福。

第 2 章 差异，让我们成为独立的人

立场的差异没有对错

时间让原本互动良好的两人，慢慢从亲近走向隔阂、疏离。除了时间之外，**还有一种状况也经常出现在关系中，让关系产生质变，那就是“立场”的差异**。立场，包含着彼此的信念、期待、需求、价值观等，所有有形、无形的个人观点与态度。以买卖房屋为例，买方的立场就是价钱越低越好，而卖方的立场则是成交价越高越开心。这两个人的立场是对立的，但并没有所谓对与错，也没有人需要迁就谁，一旦有人觉得委屈，买卖就难以达成。双方都有

权利去寻找符合自己福祉的合作对象，不必坚持在错的人身上，找对的答案。

双方越了解自己的需求和状态时，就越能够就事论事地讨论，不会害怕说出自己的想法或拒绝对方的要求。因为他们知道对方并不是故意为难或讨厌自己，而是对方所代表的立场，让他出现这样的反应，也不会无限上纲自己的期待，一味地要别人配合自己，于是互动就会是愉快、满意的。

可是同样的态度，我们似乎很难把它放进关系中去理解，不同立场的人，究竟考虑的是什么？而当你觉得不舒服时，你还有没有必要一定要留在这个游戏规则里呢？

主管与下属

冠华是一家影视制作公司的主管，力弘在他底下工作已有3年的时间。冠华记得当年面试力弘时，他充满热情，不计任何报酬，一心只想进冠华的公司，大展电影长才。

冠华看完力弘过去的作品集后，非常欣赏力弘的才华，因此录取了他，交办给他不少的专案。

但一起工作后，两个人却经常为了作品有争执。冠华希望作品能够获得越多人认同越好，观众喜欢，投资才可能回收。可是力弘却认为太过商业化的作品，呈现不出作品的高度与格调，一味地讨好观众，无法引领市场。

冠华懂力弘的坚持，可是他上有老板，下有其他员工需要交代，不可能一直做不赚钱的事。而力弘觉得冠华握有资源，却不好好利用，没有冒险和开创的精神。为此，他们两人私下沟通的频率不计其数，可依旧没有达成共识，到最后关系变得非常僵，几乎零互动。

你会认同谁的立场呢？是冠华身为主管的压力，还是力弘在第一线执行的坚持呢？

这个问题是无法用二分法来解答的。如果我们只站在冠华的位置，要力弘懂得识大局，调整自己的想法，那等于是告诉力弘，拿掉那些无谓的理想和相信，只为钱工作就好，不用追求什么热情与灵魂了。但这样敷衍的态度，怎么可能会创作出好作品，为公司带来机会和名声。可是反过来，单从力弘的角度出发，不管公司的营运与压力，只追求艺术的成就与高度，那么对于拿钱出来投资的股东又该如何交代？而且公司如果不赚钱，又有什么资源可以继续支持艺术的创作？

放手，才能真正成就自己

任何决定都没有真正的对错，只要清楚自己的出发点为何，并负起全责，就是成熟的表现。

假使力弘已经试着理解公司的立场，调整自己的风格，却发现自己越做越不快乐，那么他早点认清这个地方和他的理念不同，提出离职，重新寻找一处能满足他梦想的环境工作，反而能让这段经验成为创作的养分，而非耗损热情的挫折。或是冠华确认力弘无法配合公司走向，为了保持营运动能，请力弘先行辞职，不用彼此迁就，顾此失彼，都是相对比较平衡的做法。

尽管分离会带来不小的变动，可拉长时间来看，却能帮助他们更了解自己，并明白委屈是不可能求全的，求全也不必然需要委屈。勉强在一起只是相互折磨，倒不如早一点认清，放手，祝福彼此有更好的未来。

那些切不断的关系

若是和自己的家人发生立场上的矛盾，情况往往就变得更复杂与棘手。

芸亭是一个乖巧的女孩，成绩很好，父母希望她继承衣钵，将来当个老师，平平顺顺过一辈子。可她却对文学有极高的兴趣，很小就开始写小说，因此想念中文系，爸妈却以出社会难找工作为由，反对到底。为了不让爸妈失望，芸亭勉强自己读了教育相关科系。可因为没有兴趣，她读得非常辛苦，一想到毕业后，还得努力挤进教职的窄门，更让她觉得忧郁低潮，越来越不想回家，听父母念叨，甚至开始出现自伤的行为。

从心理学的角度，我们可以把这种立场差异理解成，“他人期待”（爸妈）和芸亭的“自我认同”有很大的落差。所谓“他人期待”，指的是他人对我们行为的看法，觉得应该怎么做才是对的、好的。而“自我认同”，则是我们对自己的认定，需要达到某种条件或标准，才会让自己感到满足或有价值。

爸妈对芸亭的期待是乖乖念书、考上教职，当一个平凡、安稳的老师。可是芸亭对自己的认同，却是成为一个小说家，穷其自身的才能写出一个个动人心弦的故事。

当两者有巨大的落差时，在关系中较无权力的当事人便会面临强烈的内在冲突。一如芸亭，她既不能把书读好、当一个称职的老师，证明爸妈的看法是对的。可另一方面，当她选择搁置学业，自我放逐时，她也背叛了自己，无法维持过往认真负责的自我概念。在毫无出口的情感拉扯下，她只好通过自伤，宣泄内在的痛苦。

叛逆与割舍，是为了成就真正的自己

在长期沟通无效的情况下，芸亭必须面对一个难题——是否认自己的认同以维持和爸妈的关系，还是勇敢选择自己的路，短时间不被爸妈谅解？这不是一个容易的选择，可当事人的决定，却攸关一生的命运。

适时的叛逆和割舍，虽然会带给关系很大的冲击，但借由激烈的讨论，我们也才有机会听见彼此心里最真实的在乎。倘若因为害怕冲突，隐忍，维持表面和谐，赔上的是最珍贵的人生主导权。

《假性亲密关系》作者史秀雄认为“从一段痛苦的关系逃脱，就像是被鳄鱼咬着大腿，如果不抱着牺牲这条腿的觉悟，很可能会丧命”。这段话看起来很耸动，却是许多人需要有的领悟。毕竟我们都成长在一个人际牵绊非常高的社会，很容易内化许多外界的期待，压抑自己内心真实的渴望，顺着前人的脚步，工作、结婚、生育，尽可能伪装得跟别人一模一样，借此获得安全感与归属感。但别人感觉满意的人生，不一定是触动你的风景。

时间带来差异，差异是为了培养独立

不论是何种关系，即使是爱得十分浓烈的亲密关系，随着时间的推移，你会发现彼此的差异，只会越来越多、越来越大。可也能因为添加了时间这个因素，两个人才有机会在关系中创造出空间，不再紧紧相连，能拉开一段距离，看见彼此真实的模样和差异。有了差异，你也才能够清楚地认知到，对方是和你不一样的人，而不再是一团模糊的感觉，你们各自有各自的个性和喜好。

当这个真实的模样，被你自己所认同，同时也被他人所接纳时，你就会有信心培养属于自己的独特，不会为了要迎合对方，而改变自己真正的样子。于是你才有可能在这段关系中，有勇气为自己做出选择，并为自己的选择负责，慢慢学会独立，而不害怕会因此失去对方。

换言之，**时间与差异，从来就不是谋杀关系的凶手，他们存在的价值是为了创造分化的机会，让彼此成为一个真正独立、自由的人**。

真正破坏关系的不是表面的冲突事件，而是我们不接纳自己，或是别人硬要把我们变成他们喜欢的模样。就像芸亭，当她勉强自己变成爸妈想要的模样时，表面上关系是亲近的，但事实上，她对爸妈藏有怒气。倘若这个情绪一直没被好好处理，以后在工作上遇到任何挫折，她都会回过头埋怨爸妈，觉得是爸妈害自己变成今天的模样。届时，芸亭不仅失去和父母间良好的关系，也无法做自己。与其到最后两边落空，芸亭若能勇敢一点，走一条自己的路，至少她还能保有自己。

一段健康的关系，理论上每个人都应该先找到“自我认同”，然后才开始慢慢了解“他人期待”，进而从中找到平衡点。但在东方文化里，“他人期待”往往大于且优先“自我认同”太多，以至于我们很害怕自己跟别人不一样，经常忙着满足别人的期待，而忘了自己的需要。在我们的社会里，“特立独行”并不是一个太正面的形容词，那隐含着危险与自私的气味，“一样”才代表安全。因此，绝大多数的人喜欢紧紧绑在一起，共同行事，追求齐头式的平等。在这样的氛围下，时间创造的就不是自由与独立，而是纠结与缠绕。于是自我，就在关系中慢慢地窒息、消失。我们的心里住着许多“山寨版的别人”，却很少有“原厂版的自己”。

尽管我们都知道割舍关系包袱并不容易，会引发许多罪恶感和愧疚感，但有时短暂的痛苦是为了更长远的幸福。就像胎儿和母亲，不管再怎么紧密，终有分娩的一天。生产的过程绝对是疼痛的，就像关系的分离不可能不伴随失落。可也因为有了这份决心，我们才能够从“共生”走向“个体化”。

我所谓的“清理心理空间”，是要鼓励大家调整让自己辛苦的内在信念、拒绝无条件配合外界的要求。你不必每一次都要切割整段关系，但你得有勇气割舍让你不舒服的期待。假使对方仍不尊重，那么隔离与告别是必要的代价，目的是找回对自己生命的掌控感。

第 3 章
清理，才能为关系带来新幸福

电影《神隐少女》中有一段台词 ：“人生是一列开往坟墓的列车，路途上会有很多站，很难有人可以自始至终陪着走完，当陪你的人要下车时，即使不舍，也该心存感激，然后挥手道别。”这段话浅显易懂，却具体呈现关系的流动是怎么一回事，而割舍与分离，更是人生必修的课题。

有些人的出现只是为了教会我们一件很重要的事情，也许是背叛、正直、付出、勇敢等，当事件落幕后，他们也就会离开或淡出我们的生命。

如果我们不能接受，关系的更换与切割是必然的，那么我们就会在心里头住进太多人，造成我们的负担。就像一间房子，东西只进不出，堆积如山的杂物将会使主人的生活瘫痪。

当我们背负太多期待，承担太多责任，就很容易卡在关系里，无法动弹。那些会伤害你的关系，其实都是在你心里生了根的人，他们制造出来的关系肿瘤也会特别大。**割舍，并不是决裂，而是了解到如果不适度切割，生命的养分就无法得到最适当的发挥，整个人会越活越虚弱、衰败。**

孝与不孝的两难

如果小皖没有学会割舍他人的期待，现在的她早已被陌生人的一句话给击倒了。

那天，小皖和先生带婆婆一同到餐厅吃饭，结账时，老板娘突然问道：“你们全家人一起来高雄玩吗？”小皖有些讶异，原来刚刚点菜中不经意的对话，全被老板娘给记住了。

“不是，我们是特地从其他地方过来带婆婆出来吃饭的。”小皖客气地回应。

“你们没住在一起？婆婆在高雄跟其他儿子、女儿住？”

“不，我婆婆住在赡养院。”话一说完，老板娘眼中出现一闪而逝的讶异。

“她看起来很健康，不像是需要住赡养院的人……”老板娘似乎意识到自己失言，马上住嘴。

以往一听到这句话，小皖总得为自己辩护，可那天面对老板娘的疑惑，小皖只是不疾不徐地说：“我们都觉得住赡养院是一个很棒的决定。”

那是小皖第一次发现，自己已经可以从容地说出这个事实，不再害怕别人质疑的眼光。更重要的是，她回答的语气带有一种坚定，让对方没理由再往下探问。

但其实要这么坦然地接受现况，不理会社会观感，不承担扛不起的未来，不为了圆满别人口中的孝，而牺牲彼此的生活，并非一蹴而就。小皖和先生都经过一段挣扎与拉扯。

小皖的公公很早就过世，婆婆一个人拉扯三个儿女长大，两个姐姐陆续出嫁后，还是女朋友的小皖，已经可以感受到先生的焦虑，认定自己是家里唯一的儿子，有义务照顾母亲的余生。

所幸当时婆婆还年轻，一个人生活也还能自理，不觉得儿子需要放弃好不容易打下的事业，回家乡照顾自己。但先生为了减少内心的愧疚，仍旧每个星期搭车来高雄探望母亲。

这样的情况维持好多年，即使是婚后也没有改变。舟车劳顿当然有，但想一想，一星期也才回家一趟，平常不需要天天住在一起，对需要独处的小皖来说，已经是很大的自由了，所以即使每次回婆家都睡得不安稳，她仍努力扮演好媳妇的角色，尽量减轻先生的内疚。

不幸的是，某天婆婆跌倒昏迷了，恰巧先生出差回家探望，才及时发现送医治疗。幸好，医生说只是血糖不稳造成的晕眩，而且只有轻微淤青不用住院，但要小心不能再跌第二次了。

从那天开始，他们才正式意识到妈妈老了，已经无法再一个人独居了。婆婆已高龄八十多，虽然保养得宜，活动自如，也没有失智的状况，但一些慢性病，像是高血压、糖尿病，再加上三不五时的健忘，忘记关火、关门等，仍旧有可能威胁生命安全。

先生返家后，和小皖商量该怎么安排妈妈接下来的生活。但因为他们都无法放弃事业，眼下只剩下把婆婆接过来同住一条路。为此，先生还考虑换屋，多准备一间孝亲房给妈妈住，就盼望能取得小皖的首肯。可小皖迟迟没点头。

小皖能体谅先生想善尽人子的责任，和母亲同住是最合情合理的安排。但先生却没想到让母亲住进生活里，并不是多一张床、一双碗筷这么简单，这里头隐藏着许多情绪的波动、生活习惯的适应。

小皖还顾虑到婆婆不仅需要专业的医疗协助，以控制日渐升高的血糖和血压，还需要大量的社交刺激延缓智能退化。这些都不是她和先生每天工作将近12小时的上班族可以照料得来的。他们虽然可以提供一个舒适的居住空间，但里头却没有人情味儿，婆婆只能天天独守电视，面对空荡荡的家，没有朋友、无人交谈。就算请保姆，情况也不会改善到哪里去，而且经济压力更大。

思考数周后，小皖告诉先生："真要考虑妈妈的福祉，我们必须为她找合适的赡养院。"不出所料，先生一时间无法接受，觉得这么做太无情，等于是遗弃妈妈，不论小皖怎么解释他都不听，夫妻关系降到冰点。

但小皖坚定地告诉先生："如果妈妈还没来住，我们就已经无法心平气和地讨论事情，那么妈妈进入我们的生活后，压力只会更大，到时候，你要处理的不只是妈妈的健康、婆媳相处，还有夫妻冲突。我们都不是完美的人，都会有情绪，想要扮演好孝子和孝媳的信念，很可能成为压垮我们感情的包袱，让关系变调。你觉得妈妈会希望这样吗？”

“当你一心期许自己成为孝顺的孩子时，你有想过这样的想法是以你自己的需求为中心，还是真的从妈妈的角度去思考，怎样安排才会让她的后半辈子过得有尊严？你该成全的是自己、妈妈，还是我们这整个家？”

那晚，先生在书房待上一夜没有回卧室。隔日，便亲自向母亲表达这个安排，母亲听完后没多说什么，只说年轻人高兴就好。小皖很感谢婆婆的包容与开明，和先生决定在老家附近找一家设备完善的赡养院，希望母亲别离开家乡太远，老友和亲戚还能定期去探望，提高她的安全感。

送婆婆入住那天，小皖和先生一同处理了许多手续，临走前，小皖看到先生眼眶含泪，总是背对母亲，那一刻她觉得自己很残忍，好像是刽子手拆散他们母子，很怕自己一时心软，就撤销了入住申请。但她忍了下来，背负着亲戚们的耳语与批评，坚持让婆婆搬入赡养院至少一年，真不行再来想办法。为此，他们仍旧一如往常地每周探视，直到婆婆适应新环境，先生完全放心为止。

至今已过了两年，某天小皖陪先生到赡养院探望婆婆，刚好听见婆婆跟来访的亲友说：“我好喜欢住赡养院，我在这里有很多朋友，每天也有很多活动，有卡拉OK比赛、志工表演，一点都不无聊。医生说我的血糖、血压控制得很好，很健康呢！”

听到这些话，小皖红了眼眶，庆幸自己当初的坚持是对的，那些被误解的委屈，一点也不重要了。小皖回想，假使那时选择走另一条路，和婆婆距离是近了，但心却会越来越远。彼此无法有好的心理状态，面带微笑地话家常，而是难以克制的嫌弃与不耐。婆婆的身体会衰败得更快，而她和先生的婚姻也会受到严重的考验。

通过这个过程，她更明白爱不一定是紧紧相依、嘘寒问暖、侍医奉茶，诚实地面对自己的限制，勇敢割舍不合

时宜的观念与做法，在心里保持一段距离、保留一点空间，反而保障了彼此的幸福。

割舍掉别人的期待

现代女性的生活充满着为难与矛盾，要巧妙平衡家庭与工作、自我与他人，不是一件容易的事情。小皖因为婆婆年纪越来越大，必须和先生重新检视老人家的照护问题。此时，她所面临的“他人期待”有两个，表面上是先生希望把母亲接来同住，但底层隐含的是她要不要接受社会对一个好媳妇的要求，牺牲事业，承担侍奉公婆、代替先生尽孝道的责任？可她的“自我认同”，却是成为一个独立的人，拥有自己的专业、一段融洽的婚姻关系。更重要的事情是，她对于老年生活的观念，是有尊严地活着，而不是被动地消耗生命。

很显然，时间所带来的立场差异，造成她和先生的剧烈争执。但她没有选择忍耐，屈服于这个社会对女性的期待，因为她很清楚照护工作绝非一两天，而是一场持久战，如果要参与这场战争，她和先生需要具备什么样的准备与资源，才可能打赢？审慎评估后，她知道自己和先生并没有能力因应这个重大的变动，与其勉强彼此，埋下日后争执的种子，倒不如坦诚以对，接受自己的有限。因此，她选择割舍，割舍掉了别人的期待，好好地与先生沟通，获得先生的支持与认同。

割舍必然会带来许多疼痛。小皖必定会遭遇许多奚落和质疑，但她明白这是迈向完整必须付出的代价。忍耐看似是一条比较简单的路，但后头等待她的却是无尽的黑洞，到最后不仅夫妻的感情被消磨殆尽，婆婆的身心也不一定比较健康快乐。两相权衡之后，她选择积极面对，不为了一时的和谐，放弃自己的认同。

在这个过程中，小皖花最多力气的，不是说服旁人接受她的观点，而是让先生明白成全不是放弃，别人的快乐不一定都需要自己给，她陪着伴侣直面心中的恐惧，于是先生才能真正切断不合理的信念（送家人去赡养院就是遗弃），成为一个成熟、能独立思考的人，而不是照着社会的框架而活。最后整个家庭变得更幸福相爱，避免分崩离析。

集体主义下长大的孩子，心里塞满了别人的要求和看法

媳妇该不该以夫家为重？儿子需不需要完全承担年迈父母的照顾责任，牺牲自己的工作和生活质量？这些问题反映出集体主义的典型思想。

在这种思想影响下，我们总是把他人的期待摆在自己之前，努力保持关系的和谐与紧密，不太过主张个人的需要，否则就是一个自私、不懂礼数和感恩的人。

因此，在这种氛围下长大的孩子，心理空间一直是拥挤杂乱的，里头充斥着道德、礼教、习俗等许许多多束缚与框架。我们必须很努力撑大心里的家，塞进许多角色，

努力和每一个人都维持好关系，压抑个人的状态和特质，无法坦然地面对拒绝。

当“让一让”“退一下”“忍一忍”，变成整个社会处理冲突的潜规则时，你就会习惯性地压缩自我认同，好装进他人的期待，忘记要留一点余地好好感受自己的情绪，疼惜自己的委屈，争取应有的权益。

你罹患了“关系囤积病”吗

这种“关系越多越好，代表你越被欢迎和重视”的思维，如同社会上所弥漫的“拥有”（have）的风气。商人想方设法拍广告，说服你掏钱享受更好的生活条件，而身为消费者，也很尽责地赚钱，好有能力去购买更多的物品，借以寻求生活的富足与快乐。

可是随着文明的进步，新一代已经渐渐了解到，拥有不一定会带来满足，甚至会制造更多的浪费和挥霍。人们开始不再需要通过物质来让自己感觉愉悦，明白真正的快乐来自精神层次上的自由。学习定期整理房子、丢弃无用的杂物，并谨慎考虑什么东西该带回家，什么不应该。面对心里的家，我们能不能也开始练习从加法变减法的态度呢？

如果我们还是抱持着关系越多越好，期待自己必须跟任何人都处得来，借此获得认同与肯定，害怕让人失望，担心拒绝会被讨厌，难道不是另一种“购物狂”和“囤积病”？只是项目从“物品”换成是“关系”罢了！而那些无法扔掉东西时的喃喃自语：“丢了，好可惜”“说不定哪一天用得上”，和割舍不了关系时的小声音：“都相处这么多年了，他也不全是这么坏”“说不定他哪一天会改”，竟也是如此相似。

从生活极简到心理清爽

过往的教育，花了许多力气教会我们建立关系，却很少告诉我们如何学会割舍、放手，舍去不需要的累赘，去对的地方找答案，而非待在让自己委屈的地方哭，才能建构出自己理想的关系，不让纠缠的人际问题让自己痛苦万分。

佐佐木典士的书《我决定简单地生活》中，作者在事业和感情遇到低谷时，通过丢东西，重新找回了生命的意义，并且看见什么才是真正重要的东西，最后他的家里几乎到了空无一物的程度，但他依然活得很快乐。

面对关系，你不一定要效仿他的做法，把关系丢得那么彻底，但我们可以从中撷取他的精神，**去思考生命中哪些关系是我们真正需要的，哪些只是想要的？借由学会清理心理空间，只承担自己负荷得了的关系，不再活在别人的眼光下。**

人的意志力和心理空间是有限的，无法将所爱的人全都容纳进去。我们得在生命不同阶段，保持清理的习惯，将那些已经恶化成肿瘤的关系切割出去，留下能带给我们真正成长和满足的人，不再通过拥有众多关系来定义自己的价值。

清理心理空间，看似排拒、无情，可这么做才能和你真正想要好好联结的人在一起。唯有你勇敢地将关系中造成你痛苦的包袱切割掉，你想要的幸福才会来到。同时，专注获得而非失去，我们才有力量做出行动。

2

第二部分

那些痛苦却离不开的关系

第 4 章 为何关系总让人牵肠挂肚

关系这么痛，为何仍不放手

当我们进入一段关系后，双方就会开始对彼此有所想象，在缺乏良好沟通能力的情况下，过程中衍生出来大大小小的期待，很可能就会让两个人渐行渐远，甚至被自己深深在乎过的人伤害，让原本快乐的关系变成是一种羁绊与束缚。

但吊诡的是，既然关系会造成这么多伤痛，为何大家还要像飞蛾扑火般，寻求一段段关系、渴望一份份联结？

那是因为与他人联结，是人类的基本需求之一。

《创造联结》一书提到一个残忍的历史记录：十三世纪意大利的统治者腓特烈二世，因为好奇人是否天生就具有一种内在语言，即使从来没有跟人互动、学习过，依然可以学会说话。于是他下令进行一项实验，刻意找来一群婴儿，但规定照顾者（保姆和医护人员）不准和这群孩子说话，甚至不许拥抱他们。

但除了与人的互动、联结外，这些婴儿的其他需求全都一应俱全，有充足的食物、保暖的衣物、清洁的环境和干净的梳洗。最后，研究结果却令人非常意外，所有的婴儿全都死于襁褓。这项研究显示，剥夺个体与他人的联结会造成毁灭性的伤害。

缺少了联结，等于隔离了一个人对世界的感知，使其仿佛活在真空中，任何的反应都变得毫无意义，生存的意志会慢慢被消磨殆尽。

心理学家哈利·哈洛（Harry Harlow）也曾做过一系列经典但残酷的生物实验。他豢养了一群恒河猴，但一出生就将它们从母亲身边带走，只给了它们两个不同的代理妈妈，一个是绑着奶水的“铁丝妈妈”，另一个是毛茸茸的“布偶妈妈”。结果幼猴只有在肚子饿的时候，才会去找“铁丝妈妈”喝奶，其他时间都是抱着“布偶妈妈”寻求温暖与慰藉。更可怕的是，这些猴子长大后出现了自闭、反社会和攻击行为，完全丧失社交能力，无法融入群体社会中，与其他同类相处。

与他人联结，从对方身上感受到温度，对一个人的心理健康具有非常强大的影响力，甚至比温饱还重要。也因此，心理学家马斯洛（Maslow）才会将“爱与归属感”列入人类重要的五大需求之一。少了这一项，当事人就不会意识到自己是群体中的一分子，享受从他人身上获得的尊重，进而培养出健康的自信心和自我超越的动机。

束缚住行动的网

与他人联结如此重要，理论上，我们都应该选择懂得疼惜、尊重自己的环境，从中获得满足。为何有些人仍会选择留在让他受伤的关系中，无法离开或割舍呢?

这牵涉到两大主要因素：内在交换和外在依赖。

内在交换：渴望被认同、需要被关注、期待被信任以及寻求被接纳。

外在依赖：财务需求和能力不足。

这两个因素共同编织成一张牢固的束缚的网络，羁绊住当事人的行动。也因此有些关系明明已经造成明显的痛苦、压力，但许多人仍情愿留在那样的关系中，反复经历关系带来的痛，却没有做进一步的改变。

第 5 章
母亲的话像刺，句句让人疼痛

朋友都觉得世英的个性有些愤世嫉俗，同事明明是赞美、肯定她，但她总有办法听成是挖苦，泼对方一桶冷水。

“新买的洋装很好看耶！”

“原来你的眼光和我一样，这么一般。”

从小不论世英做什么，都会遭受妈妈无情的指责。成绩不好，妈妈就会暗讽她：“果然是属猪的。”才艺比赛得奖，妈妈的嘴里说的是：“该不会这个比赛就你一个人参加吧！”学校老师发现世英个性非常退缩，主动联络家长，但母亲却在电话上一直称赞世英，说她是一个负责、乖巧的孩子，只是比较怕生。可挂下电话，母亲却立刻拧着她耳朵，告诉她："如果老师再打来一次，你就吃不完兜着走。"母亲的教养方式，让她分不清楚什么是真实，什么是谎言，就连该怎么反应她都不知道。因此她对自己一直没自信，觉得只要跟自己有关的事情都是错误。

大学联考发榜那天，世英考上外县市她心仪的学校，但她却高兴不起来，因为她担心妈妈又会说些不好听的话羞辱她。她害怕母亲却无法拒绝母亲的要求，只要妈妈一开口，她不由自主地就会点头同意。于是，她只能像只刺猬般防御自己，也在不知不觉中开始像妈妈一样说话，变成自己最讨厌的人。

以爱为名的内在交换——渴望被认同

记得第一次和世英互动时，她带刺的话语让人直觉地想退避三舍，但后来接触多了，慢慢了解她的成长背景，我忽然懂了，她的行为看似攻击，其实是在自我保护。讲得更直接一点，有点像是“我怕你会打我，所以我先打你”。因为我先攻击你，让你不舒服，你就不会靠近我，如此我就不会被你伤害。这么曲折的逻辑与心理动力，源自她和母亲之间纠结的互动。

从小，妈妈通过不断的诋毁、责难，让世英失去对自己的信心，她无法判断自己的想法和感受是否恰当，一切只能以母亲的反应作为依归。如此，妈妈在这段关系中，便能一直保持主控权，让世英乖乖听话。而世英为了获得母亲的肯定，或是不想再被责骂，只好更加顺从。她和母亲就像是一种“毒性关系”，明知道你有毒，但我戒不掉你，为了得到你，我只好付出更大的代价，来维系这种不对等的关系。这样的互动，不只出现在亲子关系中，伴侣间也经常发生，最极致的形式就是“家庭暴力”。

或许，你会好奇，长大之后的世英有了能力，为何还不离开妈妈，独立生活呢？这个问题犹如去问吸毒的人，你为何不戒掉毒品？如果他做得到，他就不会上瘾了。问题不在于他为何要吸毒，而是他为什么会痛。是因为这个疼痛（如孤单、绝望、焦虑），让他必须用毒品麻痹自己。同样的，世英不是不知道妈妈是让她痛苦的原因，只是她心中有一种很深的匮乏，让她没有信心说走就走。

所有让人离不开的事物里，往往都藏着灵魂的一块碎片，映照出心中的匮乏。

对世英来说，从小无论她的情绪是好是坏，全都被否定，只能通过母亲的反应来决定自己该怎么做才是对的。她必须随时随地、小心翼翼地观察妈妈的变化，努力博得妈妈的欢欣与认同，才可能在这场惨烈的心理战争中存活下来。

她的心从没有机会好好认识自己，里头全装满了妈妈的好恶。那些她“不够优秀”“让人失望”“丢人”的标签，早已让她的心伤痕累累，没有勇气再相信自己值得被爱，只好紧紧守着这段残破的关系，说服自己的存在是有价值的。如果把这么一丁点的联结都拿走，她的人生会苍白得令人害怕。

她和母亲的关系，是一场交易，也是一种交换。但如果有一天，她愿意冷静下来，重新思考自己真正渴望的认同与被接纳，是否真的被满足，以及是否一定要从同一个人身上获得，那么她才有机会学会健康的互动模式，不再拒人于千里之外，如此别人的关怀才有可能流进心中，温暖她冰冷的心，使她慢慢建立起自己对这个世界的认识，不再用别人的标准定义自己。

这段清理的路很漫长，就像成瘾的人，必须回过头来问自己当初开始喝酒、抽烟的理由为何。许多时候，我们早已失去使用这些物品的动机，但习惯常常让人忘了探索新路。要戒的不是看得见的人、事、物，而是看不见的依赖与恐惧。

第 6 章

至少在他心里，我是唯一的公主

郁婷的父母十分重男轻女，从小家里有什么好玩、好吃的都只会给弟弟。她下课回到家要替妈妈做家事，假日还要到爸爸的工厂帮忙，而弟弟却有着豁免权，什么都不用做。

有次，郁婷因为赶着去倒垃圾，离开工厂前没将工具归位，想不到爸爸却对她破口大骂："连个扫把也不会收好，养你实在浪费钱。"郁婷辩驳："我急着先去倒垃圾啊！你也可以叫弟弟帮忙收一下，为什么他什么都不用做？"

爸爸完全不接受郁婷的解释，甚至拿起扫把要打她。

郁婷心中的委屈与心寒，让她下定决心有自立能力后，就要离开这没有爱的家。

高中毕业后，郁婷认识一个大她8岁的男朋友。他对郁婷的呵护，让郁婷觉得男友是上天派来拯救她，让她能离开名为“家”的地狱。于是没多久，郁婷就搬出家与男友同居。

可是男友在呵护之余，对郁婷却有着越来越多的限制。只要找不到人，就会不停地打电话、留言。语气从一开始的温柔：“你在哪里？我很担心你。”慢慢地越来越严厉：“你如果一分钟内不回电，就不要回来了。”甚至演变成威胁：“你居然放我一个人在家，我要让你尝尝被抛下的感觉。”同时，男友也会不断批评郁婷身边的朋友、同事，不准她跟他们互动。

郁婷所有的言行举止、穿着、决定，都得按照男友的心意。尽管男友不曾动手打过郁婷，但知情的朋友都曾告诫郁婷，这样的感情不健康。郁婷曾试图表达自己的感受，希望多一点个人空间，但男友总是说："我管这么多，也是因为太在乎你！你是我心中唯一的公主，我当然得要好好珍惜，才能跟你在一起更长久啊！"

这段话像吗啡，总能减缓郁婷对关系的不满，让她感觉被呵护、关心，不再是那个孤单、没人在意的女孩。

以恋为名的内在交换——需要被关注

从研究所毕业后，我的第一份工作是在一个大专院校当辅导老师，而我所任职的学校，学生年龄从15岁到22岁都有，且因为科系的关系，几乎都是女学生。她们之所以选择这所学校，很多是基于家长的期待，爸妈认为女生不用读太多书，赶紧学个一技之长，顺利毕业去赚钱就好。所以我认识很多"郁婷女孩"，一到青春期，像飞蛾扑火一般投入爱情的世界，拦也拦不住。

她们很多人的成长过程是被父母忽视的，就像郁婷一样为家庭付出很多，却因为不是男生，得不到爸妈的疼爱。

长期被冷落的心情，造成她们成年后，十分渴望离开家，投入另一段关系，从中获得归属感，不再觉得自己是可有可无的存在。

她们投入一段感情时，往往不是因为这个伴侣条件有多好、相处起来多么契合，而只是因为他是这个世界上第一个愿意好好聆听、疼爱她们的人。只要对方愿意在关系中表现出关注（接送、热线、送礼），不管手段是否恰当，会不会让人觉得有压迫，都会被女孩视为是爱的表现，有效驱赶走她们心中的孤独。

对她们来说，冷漠是一种否定，过度黏腻才是具体的接纳。她们离不开，不是因为爱，而是太怕孤单。

这种内心的匮乏，让她们经常遇人不淑，即使离开一段不健康的关系，很容易到下一段感情，还是吸引到另一个控制者，在同样的游戏中轮回。因为她心里的阴影不停地发出讯号，魔鬼才会被召唤来。若她能明白其实是自己的心破了洞，所以别人怎么给爱都填不满，她才有可能停止外求，学习真正疼爱自己的方法，一点一滴将伤口缝补起来。

否则，她很有可能为了继续得到外界的关注与照顾，刻意削弱自己的力量，让自己保持无助或脆弱的状态，不愿意成长。就像个孩子般，看似天真、单纯、需要被保护，其实是逃避自己的责任，如此她才能名正言顺地继续依赖在别人身上，形成一种寄生关系。

不幸的是，这样的爱就像是建筑在沙地上的城堡，不论有多美丽，都经不起考验。当一个人没办法把自己过好，那么就算拥有了一段关系，也会因为害怕失去，而逃避面对真正的问题，不断否认的结果，就是断送让彼此变得更好的可能。

第 7 章

虽然好累，但事情没有我不行

子彰是一家旅行社业务兼导游，深获客户好评。最让老板刮目相看的是，子彰不仅做事负责，还很懂得与人交际互动，所以老板总是把最重要的客人及工作交给他。

子彰赢得业绩的方法，并不是光靠会说话。他总是花很多时间了解客户的需求、喜爱。只要客户要求，他都会想尽办法找资源完成，把客户的需求放在心上。所以客户经常戏称子彰为“哆啦A梦”，没有什么是他解决不了的事情。这样的工作态度，遇到懂得赏识和相互尊重的人，双方就会互动愉快，但人在江湖，总难免会遇到一些存心刁难的客人。

“哎呀！你的工作只要付出时间，陪团员玩，带大家吃饭、睡觉，根本没有任何的成本，一边工作还能一边玩，是天下最轻松的职业。不然，你别跟我收小费了，就当作是大家出去玩交个朋友。”客户不客气地对子彰说。

这些话让子彰非常难受，但顾及公司的形象，他依旧堆起笑容响应：“大哥，小费的部分真的没有办法，这是公司规定。但我答应你，除了正式行程外，我会带你们去私房景点，铁定让你们觉得值回票价。”即便遭遇如此不合理的要求，子彰仍努力博得客户认同，想让客户相信他会尽全力做到最好。

然而出国后，客户依旧一路嫌弃，让十分在乎顾客评价的子彰，压力非常大。为了讨客户开心，他不断退让自己的底线。因为对他来说，能得到每一个客户的信任与喜爱是最要紧的事。

不只面对客户，面对老板、同事的要求，子彰也都铆足全力。因为他觉得对方愿意把问题交给他，是对他的信任，“绝对不能辜负别人的期待”是他心中经常出现的小声音。

放不下工作和责任的子彰，时时刻刻都非常忙碌，根本没有时间好好休息，身体和心都好累好累……

以责任为名的内在交换——期待被信任

一般人总有个偏见，觉得那些需要心理咨询、人际关系有问题的人，一定是成长背景比较辛苦的人，他们可能父母失和、家境清贫或曾遭到霸凌欺负等，所以才会不懂得如何与人应对。相反地，那些社会经济地位很高、工作表现良好的人，便不会有太多关系问题，因为他们一定拥有很好的沟通技巧，才可能获得这么好的成就。

其实这一群看似“人生胜利组”的人，他们的心理压力与内在焦虑，不亚于生活适应力较低的人，只是他们更擅长压抑与伪装，让人误以为他们过得很好。

这一群人因为对社会要求很敏感，再加上能力好、责任心重，所以他们经常超支自己的体力，封闭自己的感觉，不达目标绝不放弃，表面上是为了赢得掌声与认同，但事实上，站在高处久了，驱动他们前进的渐渐不是完成的快乐，而是害怕没做好会让人失望。

就像一些名人或影星，虽然过着优渥、令人称羡的生活，但其实他们的压力非常大，做好不一定会被发现，但一点小疏忽，却会招致排山倒海的挞伐。超乎常人的标准，早已让他们身心俱疲。但无法示弱的他们，只能通过药物或个人意志沉默地对抗着，然后在某一个无声的夜晚，悄悄殒落。

光越亮的地方，阴影就越深。

就像子彰，因为害怕承认不足会被讨厌或质疑，所以他一直打着责任的旗帜，要求自己好、还要更好，随时保持积极、认真、正向，绝对不能轻言放弃或拒绝他人的请求。外界的信任对他们来说，就像一枚枚勋章，得到越多，代表自己越重要、越厉害。他们追求“完美”，事事都想做到最好，却忘了人生若要“完整”，无论好坏都得接受。于是在日复一日的忙碌中，渐渐忘记自己的需要。

我很喜欢家族治疗大师萨提尔女士曾说过的一句话：“问题本身不是问题，如何因应问题的方式才是问题。”责任心强绝非问题，可是当这个标准无限上纲到任何人、事、物上，就会造成困境。

对子彰来说，适度地割舍外界的期待与要求，不因害怕失望和失败，用坚硬的外壳伪装内心的脆弱，好好判断哪些人才值得他付出与照顾；面对不合理的要求，敢于说不，他才能够长出真正的自信与自在，无须通过被需要来确认自己的价值。

当一个人能够接受自己的有限，他才算是真正的成熟。

第 8 章
只要有你在，我什么都无所谓

静婷在国中时期被同学霸凌。只要有分组活动，她就会被孤立，没人愿意和她同一组。个性原本活泼好动的她，变得越来越内向、孤僻。父母因为忙于工作，也没有察觉到静婷的变化。

好不容易熬到毕业，上了高中的静婷，希望能重新获得同侪的认同与接纳。因此，不管同学有何提议，她都配合，也顺利地交到了小雅这个好朋友。小雅和静婷几乎形影不离，也经常到彼此家里过夜。小雅聪明，总能猜到静婷的想法或行动，而这份默契，也让静婷格外珍惜。

慢慢地，女孩长大了，能分享的事情也越变越丰富。上了大学，静婷喜欢上社团的一个男生（阿哲），却迟迟不敢开口。小雅在一旁看不下去，主动约对方出来，三个人一起出游。就这样静婷终于有机会进一步和心仪的男生互动，因为怕尴尬，静婷经常邀请小雅三个人一起逛街、看电影。

但静婷却发现小雅和阿哲互动越来越多，也曾单独碰面，小雅却没主动提及。静婷推测小雅也喜欢阿哲，为了留住小雅，她选择刻意疏远阿哲，甚至故意告诉小雅，她已经喜欢上另一个男生了。

对静婷来说，爱情是不确定的未来，即使真能与阿哲交往，也无法预期这段感情能维持多久。小雅才是那个能一直陪伴在她身边的人，所以她情愿违反自己的意愿，退出这场竞赛，也不愿意失去珍贵的友情。可是当她真的这么做后，她发现自己和小雅再也回不去从前那种亲密和无话不谈。

以牺牲为名的内在交换——寻求被接纳

不知是巧合还是诅咒，一对好闺蜜感情会破裂都是从爱上同一个男生开始，就像电影《七月与安生》中安生的退让引发了一连串的错过与遗憾。静婷与小雅的故事，就像电影一样，表面上是爱情的三角习题，可底层流动的是羡慕与嫉妒、控制与牺牲的课题，是成长过程中必经的挣扎。

静婷羡慕小雅聪明、反应快、乐观开朗，对比自己的内向、拘谨、多愁善感，她很渴望成为小雅，成为受大家欢迎、接纳的主角，不再被排拒与冷落。她小心翼翼地待在小雅身边，当个称职的绿叶，只希望当年被孤立的梦魇别再重演。然而，这一切的稳定，却因为一个男生的出现有了变化。

静婷意识到这个改变，将会为她和小雅的关系带来挑战，为了表示自己的忠诚，以及不愿意小雅遭遇和自己过去一样的伤，所以静婷和电影里的安生相同，都选择了沉默与成全，否定自己的欲求，用自己认定的“好”为对方付出。

“以为”是这世上最暧昧、可怕的字眼，那些自以为是的了解，费尽心思的安排，往往是关系之所以破裂的肇因。

静婷的“无所谓”，其实反映着她的自卑与不安全感，因为害怕期待后失望，所以干脆假装不在乎。**阻挡她幸福的不是自己的好姐妹，而是她心中潜藏“我不配”的信念。**

她真正需要割舍的是害怕失去关系的不安。唯有学会在人际中坦承并接纳内心的欲望与需求，接受关系必然会有起伏与聚散，不被恐惧所牵引，诚实说出自己的想法，与他人交流，她才能够感受到亲密与信任，真正拥有一段感情，不论是友情或爱情。

要开启任何一种关系，都是一场冒险，如果没有做好跌倒的准备，就享受不到重新站立的勇敢，以及穿越险阻的满足。

第 9 章
她是我妈，就睁一只眼闭一只眼吧

振远和美芳夫妻为了节省租房的费用，婚后跟公婆同住。

从他们婚后第一天起，婆婆就盼着美芳能快点生个孙子。好不容易生下了一个女孩，婆婆又催促着再添一个男丁。由于每天必须朝夕相处，振远和美芳为了图个清净，赶紧再怀上第二胎，好转移老人家注意。

但孩子生了，清净却没跟着来。美芳发现公婆白天带孩子时，会放任孩子看电视、玩手机。孩子的规矩和纪律越来越差，可她在管教孩子时，公婆又会介入，孩子渐渐学会向爷爷奶奶讨救兵。

和先生讨论此事时，振远虽支持美芳的立场，试图跟爸妈沟通，但老人家总无法接受地说："你不也是我们这样带大的，现在还不是活得好好的，有变坏吗？"振远哑口无言，也无力改变，只好劝美芳睁一只眼闭一只眼，说老人家没有恶意，要她忍耐。

美芳看着孩子被公婆宠坏了，却无力要求公婆。她的孩子变成了公婆的孩子，美芳完全失去了教养权，也失去了身为母亲的快乐……

缺乏独立能力的外在依赖——财务需求

很多时候，我们离不开一段关系，除了内在需求外，最常见的考虑就是外在依赖，特别是财务问题。

当今社会，全职家庭主妇比以往少了很多，无论男女都在职场奔波，这让许多刚成家立业的夫妻，如果没有后援，实在不敢生育。然而，即使有父母的协助，问题也不一定比较简单。接踵而至的就是教养冲突，美芳和振远的故事是许多小家庭的缩影。

长辈们体谅年轻人辛苦，愿意主动帮忙带孙子，这份心意绝对是良善的，也值得被感谢。但不可讳言的是，世代的隔阂、价值观的分歧、生活习惯的落差都不是短时间可以改变的，于是两代之间很快会出现摩擦。特别是几番协调都无效后，双方都会面临一种很深的挫折感。长辈会觉得自己的用心被嫌弃，而晚辈则会陷入另一种为难。不反应，得承担孩子的品格问题；积极反应，又会遭受长辈的误解，无论怎么选择都困难。

隔代教养议题经常被视为是沟通问题，但如果深入家庭结构来看，会发现这其实是权力的角力，而要赢得这场竞赛，背后的筹码是经济能力。以美芳的故事为例，站在长辈的立场，公婆不仅提供了遮风避雨的地方，同时还替儿子媳妇省下不少的保姆费，在这样的情况下，美芳和振远确实没有置喙的余地，因为他们在这段关系中，已获得极大的好处。

因此，当他们意识到父母亲没有办法改变的时候，他们必须做出一个抉择，即要让对方影响到什么程度？并且思考若要把教养权收回来，他们必须付出什么代价？有没有能力负担房租或寻找合格保姆、托育机构？如果选择维持现状，那么将来得承担何种风险？

唯有他们真实地面对这些问题并做出具体的改变时，他们才有可能在这段关系中取得发言权，用行动证明自己已经长大，有能力决定自己想要的生活。否则，只能听命于长辈的安排。

一个人会对生命感到满意，来自他愿意承担所有的责任，不把自己的重量转嫁到他人身上。因为当你依赖的越多，你所得到的自由就越少，绝对不可能有一种关系是可以满足你所有的需求，却不用付出任何代价。独立不会从天而降，那需要你花力气争取与捍卫，证明你负担得起，才能赢得别人的尊重，否则也是另一种勒索。

097

她是我妈，就睁一只眼闭一只眼吧

想要在人际中拥有割舍的权力、活得自在不委屈，你必须让自己有足够的实力，敢离开任何的关系而不感到恐惧，这需要内外在许多条件构成。成长从来就不是轻松的路，然而只要你愿意牢牢地站在问题的对面，好好地面对，事情通常都没有你想象的棘手，最困难的往往是第一步。

第 10 章

心委屈了，却走不了

启明从事创作工作，幸运的是他一出道，就被一位前辈赏识，介绍了不少好机会和人脉给他，让启明很快就在圈子里有立足之地。但随着两个人的互动越来越密切，前辈开始干涉启明的创作，经常毫不留情地批评他的作品："这个设计太过草率，你是刚出道的菜鸟吗？怎么会犯这种低级错误！""你这种作品要别人付钱买单，你脸皮会不会太厚！"这让他大受打击。

于是启明开始减少和前辈碰面，前辈察觉后又安抚他："有什么需要尽量来找我，不要一个人埋头苦干，这一行讲求合作，团结大家才有饭吃。”“后生晚辈中，我最欣赏你，只要你开口，什么忙我都帮。”这让启明很困惑，不晓得如何拿捏和前辈互动的分寸。启明甚至花时间去学习沟通的技巧，可情况并没有改善，前辈仍会用难听的话否定他，之后又假装这一切没发生过。和前辈说话后，他的心中总是满满的委屈。

朋友一直建议启明另寻出路或许会好些，但启明很担心自己的知名度有限，离开前辈，客源会中断，甚至会留下不好听的名声，所以始终下不定决心离开。

缺乏自信的外在依赖——能力不足

记得小时候，老师经常告诫我们要“站在巨人的肩膀上”才能看得更广，鼓励大家要懂得借力使力，不要埋着头闭门造车。不少书籍也告诉我们要经营“人脉”，发挥综效，才能让自己更快被看见。所以我自己第一次创业时，也曾和启明一样努力找业界大佬提携自己，或是寻求知名平台合作提高公司的曝光度，总觉得没有这些有力人士的帮忙，很难在险峻的市场中活下来。

正因为先假设开拓市场非常困难，所以心里会一直觉得必须借助别人的力量，才可能有所突破，把所有的心思都花在怎么让别人看上自己，而不是真的花力气认识市场。等到别人真的帮忙了，又会担心如果少了这个资源，营运会受到很大的影响，更加不敢离开，想方设法讨好对方，而对方也知道你有求于他，所以姿态越摆越高。这时我才意识到跟巨人合作其实没有那么容易，因为你很难判断巨人的喜好，你不知道他会不会随时把你摔下来，会不会莫名其妙发脾气并迁怒于你。

不只创业会遇到像启明这样的挣扎，许多上班族也有同样的纠结。特别是那些进入大企业工作的人，一段时间之后，即使工作不开心也不敢轻易离开，因为害怕离职之后就会失去光环，所以不断地说服自己忍耐。

这么说并非否定借重他人力量的价值，或是认定所有在大企业工作的人都沽名钓誉，而是当我们一心想追求更快、更好、走快捷方式时，很可能就掉入思考的陷阱，本以为会比较轻松，事实上并不然。毕竟在巨人脚下排队的人潮不见得比较少，既然躲不开竞争，为何不把同样的心力拿来充实自己，而不是讨好另一个对象。有时靠自己的腿爬上楼，比坐电梯更快。太依赖别人的帮助，反而容易让自己失去方向和判断。

启明之所以离不开前辈，是因为他不相信自己有能力开发市场，通过自己的力量赢得别人的信任。所以即使知道这段关系不对等，也不敢轻易离开，却忘了待在寄生关系中越久，只会越失去对未来的控制权。如果他没有决心弯下腰，把手弄脏，努力耕耘自己的品牌，那么他永远只能当别人事业的“佃农”。

启明表面上需要割舍与前辈的关系，但其实前辈只是启明的心理投射，**他真正需要割舍的是对权威的崇拜与依赖，如果没有觉察到这一点，那么他只会攀附一个又一个**

山头，而不是花力气充实自己的能力与价值。

启明若想让自己与他人的关系从不对等的“寄生”变成相互滋养与扶持的“共生”模式，他必须戒掉对他人的依附，努力绽放属于自己的芬芳。因为花若盛开，蝴蝶自来，一旦拥有别人取代不了的专业与能力，人脉和客源都是迟早的事。

3

第三部分

清理关系前，先从清理心开始

第 11 章

别让罪恶感吃掉你的行动力

许多人之所以无法下定决心离开消耗自己的人，最主要的原因是“罪恶感”让他不忍心切断联系，或做出让对方不开心的调整。他们心中经常会有一种如影随形的亏欠，觉得拒绝他人的要求，是种自私的行为。

他们这样的反应有可能来自成长经验。爸妈、师长或重要他人以喂养愧疚为理由，对他们进行情感上的操纵，强迫孩子按照自己的期待生活。例如：

“你吃这么少，是觉得妈妈在厨房不够辛苦，手艺不好，才会挑三拣四的。”

“枉费我花这么多钱栽培你，你不学医，叫我怎么对得起你死去的爷爷。”

“你都几岁了，还不结婚生小孩，传出去还以为你哪里有问题，你要我怎么在外面做人？”

大人这么做不一定是出于恶意，绝大多数都是为了孩子好，可孩子学到的却是，如果我不听话，我就会让他们受伤，我是个坏孩子。为了讨大人欢心或证明自己是善良的，他们会否认自己的意愿，配合大人的需要。

在这个系统里，没有人是坏人，却让孩子失去独立思考的能力，他们没有自己的观点，只有别人想要的反应；他们觉得痛苦，可是就连痛苦这个感觉，他们都觉得不应该。

即便你告诉他：“你值得更好的对待，你有权利过自己想要的人生。”“你才是自己生命的导演，你可以活出不一样的剧情。”他仍会觉得这是一种背叛，他不能辜负那些关爱自己的人。

只要割舍不掉这种念头，就算他们想要改变，也很快就会被排山倒海的罪恶感给拉回去，维持旧有的互动模式。

罪恶感不是先天的情绪

罪恶感是一种很独特的反应，只发生在关系中。弄坏了一个物品，你不会对这东西有罪恶感，但你会对物品的主人感到抱歉；离开了一段关系，搬离熟悉的家，你不会对房子有罪恶感，但你会不知道怎么面对住在里面的人；辞掉了一份工作，你不会对工作内容有罪恶感，但你会对曾经看好你、给过你帮助的人，感觉到愧疚。

罪恶感，往往来自于你太在乎别人的评价，因为不想要让人失望，只好选择对不起自己。它是一种复杂的情绪，结合了悲伤（觉得对不起他人）、厌恶（讨厌自己让人失望）、愤怒（生气自己做不到）和恐惧（害怕被惩罚）四种情绪，却不像这四种情绪是与生俱来的原始本能，罪恶感是后天学习得来的。理解其中的曲折，我们必须先拆解这三个字："罪""恶""感"。

"罪"之所以成立，源自一个组织，无论是家庭、宗教或社会，为了可以顺利运作，人们制定了一套规则或律法，只要违反，就会被定义成一种罪，目的是让人感觉到畏惧。

"恶"，则是依着这套规定，有了好坏之分，若违反了，就觉得自己是不好的人。

"感"，一种心理的情绪状态。

罪恶感要能成立，首先你得接受这里头的价值判断与游戏规则。例如在一个很保守的传统文化里，人们相信不生育会破坏家族的团结与和谐，这时候如果有一个女性，她认同了这套逻辑，却因为某些原因无法生育（不论是自愿或非自愿），就会有强烈的罪恶感，觉得自己对不起大家，很害怕被排挤或惩罚。反之，另一位女性因为接受教育或身处在不同文化，不把生育当作定义自己价值的唯一方法，拒绝了约定成俗的规范，那她就不会有罪恶感的产生。

也就是说，让人有罪恶感的，不是那件事情本身，而是这个当事人认同了什么样的观点与逻辑。一件让你有罪恶感的事情，换到另一个环境，也许没有人会觉得有什么不妥。

罪恶感存在的价值是为了让你的行动和思考能力瘫痪。

有了这一层认识，我们就可以再回头思考，当碰到人际清理中最常见的心魔时，可以怎么因应？

感情的抉择

子豪和女友爱情长跑已经12年，长辈都等着吃他们的喜酒，可是子豪却越来越没把握。他和女友是大学同班，进入社会也都在银行工作，生活作息相近，许多事情可以互相照应，日子过得平淡却幸福。

可后来子豪受不了银行一成不变的生活，决定改行当室内设计师，两人冲突就越来越多。女友抱怨他一画起图来就没日没夜、经常出入工地把自己弄得脏兮兮、收入不稳定等等，而子豪每次与女友见面都得小心翼翼，深怕一个不小心又惹她不开心。

子豪感觉到彼此的差异越来越大，可又不敢提分手，觉得自己耽误女友多年的青春，害怕被冠上负心汉的罪名，让他迟迟不敢正视感情的问题。

在这个故事中，子豪觉得自己“有罪”的原因，来自他从小就被教导，男生需要照顾、保护女生，不可以让女生难过、伤心，如果有了亲密的行为，就更应该负责到底，否则传出去，对女生的名声不利，以后会不幸福。这让他觉得自己应该给女友一个名分，才不枉女友花了这么多年的时间在他身上。

可理智上，他又明白继续这段关系，争执只会越来越多，即使结婚恐怕也会相敬如“冰”。这让他有了分手的念头，但这个想法又抵触了原有的信念，让他十分矛盾，于是罪恶感就出现了，借由让他的行动与思想能力瘫痪，让他僵在原地，没有任何新反应，就不会违反规定。

也就是说，罪恶感虽然会造成当事人的痛苦，但其实通过罪恶感，当事人就有理由不做出任何改变，减少关系的拉扯与冲击，形成一种自我保护机制。

改写规则，才能打破罪恶感

一个人不做出改变，是因为在旧的方法里，他是有好处的，无论他本人是否有意识。如果你希望他作出调整，不是说服他旧方法有多差，而是让他发现新的选择，同样能够为他带来许多裨益，甚至比他想象的更多。因此你也必须重新检视，自己旧有的价值观是怎么来的？随着时空的转变，这套逻辑还适用吗？如果不适合了，可以怎么调整？

如果子豪理解他的价值观其实源自传统父权社会，当时女性就学和就业的机会少，生存不易，只能依附于男性，所以道德上才会要求男性勇于承担。但随着时间推移，现代女性都拥有独立思考和经济能力，这个时候若只为了生存和繁衍的目的结婚，忽略自我的需要以及精神上的契合，即使进入婚姻，关系变得更紧密，仍会觉得空虚、孤单。

如果室内设计是子豪的热情与梦想，试着让女友了解和认识后，仍无法让她安心、缩小差异，那么最好的做法就是放手，让彼此有更大的空间成为更完整的人，而不是为了在一起，压抑自己真实的感受与想法。

“耽误”，是明知对方会不幸福，还执意把对方留在身边。真正负责的表现，不是给对方名分，而是坦承心里的担忧，如果对方无法接受，那么分手才是对彼此最好的选择，彼此去追求更适合自己的幸福。打破旧有罪恶感的束缚，才能找回行动的能力，坚定地走过分手过程中的失落与低潮。

定期更新脑中的程序，关系才能顺畅运作

当你在一段关系中，已经尽心尽力地沟通、协调，情况却没有任何的改善，你想要调整，却又被罪恶感给捆绑住时，不妨重新检视心中那套运作已久的逻辑程序是什么时候安装的。这个版本还堪用吗？能不能升级到最新的版本，让系统可以运作得更顺畅，不会因为程序太老旧而当机。

爱因斯坦曾说：“天下最愚蠢的事，就是不断重复做同样的事，却期待有不一样的结果。”罪恶感经常就是让我们不改变、走老路的最大原因。你可以觉得自己做得不够好，想要超越、成长，但不一定需要认定自己“有罪”，背负着沉重的包袱，会让自己哪里都去不了。

第 12 章
独立，要历经如分娩般疼痛的勇气

众多关系中，让人最难以割舍的莫过于家庭关系，特别是与父母的互动。子女天生就会有想和父母联结的欲望，渴望拥有父母的认同，在得到关爱的同时，也会想要保护父母，不忍心看他们难过、受苦，特别是如果那个原因是自己造成或可控的话，就更难以不出手营救。

“说到底，孩子都太爱父母亲了，以至于不忍让父母感到失望。为了符合父母期待，错过了成为自己的机会。”张曼娟女士曾在一段访谈中，谈及她所观察到的亲子问题——因为太在乎，情愿选择放弃。然而，这样的纠缠往往让双方的生命停滞不前。

无法长大的女孩

“到底该怎么让我妈相信我已经长大了？”嘉瑜说出她这辈子最大的期待，却也是她心中最难解的结。

嘉瑜25岁，和父母同住，每天10点前必须回家，不能在外过夜，不能跟男性单独出门，工作地点和项目必须得到妈妈的认同，才能应征。只要有一丝丝反抗、顶嘴，妈妈就会开始哭天抢地，控诉她不孝，不懂得体谅父母的辛苦，这让嘉瑜非常有罪恶感。为了避免争执，她总是勉强自己当一个乖小孩，配合妈妈各式各样的规矩。

这样的母女关系，造成嘉瑜心中很大的负担，她很清楚自己和母亲的关系太过纠结，界限不清，她和妈妈沟通过无数次，却依然无法改变妈妈的管教方式。嘉瑜不止一次提到，妈妈总爱把“养你最贵的不是学费，而是我的事业”挂在嘴边，让她有强烈的罪恶感。

她和妈妈不断地陷入“要求”→“反抗”→“勒索”→“自责”→“压抑”的轮回中，只要妈妈一摆出受害者的姿态，她就举白旗投降了。

嘉瑜的妈妈，原本是在一家外商公司上班，有不错的薪水和职位，但工作上遇到了一些瓶颈，让她备感挫折。因此，当她得知自己怀了嘉瑜后，便以育婴的名义顺势离职，回家带小孩。

虽然看似是为了孩子的成长所做的决定，但嘉瑜的妈妈心中一直有个遗憾，为何她的同事都能够继续升迁，只有她得回归家庭。她不断说服自己，孩子的成长只有一次，这样的选择是值得的。等嘉瑜长大上学，空闲时间变多后，妈妈也试着重返职场，但因为有孩子，她害怕自己回不去外商那种讲求效率的环境，想要转行，又怕自己年纪大。她不知道如何处理这些失落和恐惧，只好用否认和逃避，假装这些状况不存在，她可以继续扮演一个好妈妈，来确认自己的价值。而嘉瑜变成她取得成就感的唯一来源，只要一直把孩子当作生命的重心，她就可以不需要去面对自己生涯的焦虑，孩子就是她这一生最得意的作品和绩效。

在这样的情况下，**母亲早已把个人的“自我实现”与小孩的“自主意识”绑在一起。她无法接受嘉瑜长大成熟的事实，因为这样就代表着她，不能再利用妈妈的光环，取得成就感**。更无法接受孩子想要保有一些空间，设立个人的界限，因为这对她来说，是另一种不被肯定的变形。在潜意识里，她把孩子对她的拒绝，联系到当年在工作上的瓶颈与挫败。

人际清理，如同再次经历“成年分娩”

这明明是妈妈人生的议题，怎么是由孩子来承担呢？在这样的情况下，嘉瑜该怎么办？

在我前一本书《心理界限》里提到，一个人之所以不愿意与他人保持界限，往往是因为他可以从中获得很大的好处，以至于他没有改变的动机。在这样的情况下，那个在关系中感觉比较痛苦的人，就必须是发动改变的人。

人际清理或设立界限最难的都不是技巧，而是下定决心看清楚问题的症结。嘉瑜必须学会把“妈妈对她的爱”和“妈妈自己生命的课题”分开来，不混为一谈，掺进太多的情感纠缠。她可以接受妈妈关爱她的事实，但这不等于她得事事听话照做。否则，她很容易被愧疚感绑架，觉得自己有义务配合，为了迎合母亲，牺牲自己真实的感受。

我告诉嘉瑜这并不容易，不可能一次到位，过程中会有许多纠缠和怀疑。在争取独立的过程中，她和妈妈会仿佛再历经一次“成年分娩”，两个人才可能彻彻底底，在生理和心理上分开来。

什么是“成年分娩”

青春期时，因为荷尔蒙不稳定，我们总是一不小心就会跟爸妈有冲突。然而，老天爷这样安排，目的不是要让亲子们互相伤害，而是通过这个动荡的过程，让爸妈和子女的关系有所改变，进而迈向各自的人生道路。

在这个阶段，孩子的发展任务是确认自我的价值，慢慢从他人肯定转向自我认同。这意味着爸妈必须开始放手，让孩子有空间做各式各样的尝试，他才可能找到属于自己的定位。此时，适度的叛逆，将帮助父母更快地意识并调整相处的方法，给予孩子更大的空间，可以探索自己的潜力。

同时，卸下教养责任的父母，刚好可以回过头，把焦点拉回到自己身上，面对下一阶段的人生任务，统整出自己来到这世上的使命与任务为何，进而让老年生活具有意义感与重心。

独立的过程必定会带来许多拉扯，父母和子女双方都会历经很大的心理压力。然而，分离仍是必然的环节，就像是胎儿时期，小婴儿要从妈妈的产道里出生，妈妈得忍受巨大的疼痛，剪断“脐带”，孩子才能够诞生于这世界，独立用自己的器官，维持生命机能。长大后，要从依赖慢慢走向自主，一样要割舍来自家庭的“期待”，才能长出自己的模样，而不是爸妈意志的复制品或傀儡。

一如出生时得忍受强力的挤压，“成年分娩”的过程，同样会伴随眼泪与争执，目的是让彼此看清楚差异的存在，挪出空间，让彼此自由生长。有些人的叛逆来得早，有些人晚一点，但**适度的叛逆绝非坏事，而是意味着这个人开始想拥有更多的心理空间，迈向真正的独立。**

那些在家庭中，感受过成功分离经验的孩子，将来面对工作与生活上其他的关系，会更有能力做出适当的取舍，有勇气割舍不良的关系，不会为了做好人或愧疚感，而一再被绑架。反之，在原生家庭里不被允许拥有自我意识，只能乖乖听话的人，即使进入社会，关系上的问题仍会层出不穷。而他们年迈的爸妈，也因为可以一直把焦点放在孩子身上，逃避面对自己的空巢期或死亡焦虑。双方都不曾有过真正的独立，不论他们真实的年纪有多大，他们在心里头仍紧紧地共生着，满足彼此的匮乏，缺谁都不可。

界限，是付出爱的前提

人的一生会出生两次。如果说第一次出生，是身体上的分开，那么第二次分娩，就是心理上的独立。

不一样的是，这一次我们是有记忆和感觉的，所以**我们不会像小时候，那么不顾一切地想要冒出头，赶紧完成独立的仪式。我们会彷徨、会犹豫，会担心自己是不是做错了，否则为何彼此都这么疼痛？**这里头有很深、很深的爱与羁绊，但唯有坚定地离开，父母才有空间去追寻自己的意义感。妈妈的寂寞和空虚，不该由孩子来负责，她需要自己学会消化。

割舍不是放弃，而是明白各自都有更重要的任务需要完成。为了让彼此成为更完整的人，我们必须学会清理关系里慢慢滋生出来的包袱，并设立合理的界限。唯有设定清楚的界限，我们才能够在“亲密”和“独立”之间找到平衡点，在建立联结的过程中，不失去自己，不让爱变成伤害的来源。

如果你对父母有一种莫名愧疚，觉得他们为自己牺牲这么多，似乎不该搁下他们，过自己的人生，害怕成为别人口中自私的人。**或许可以问问自己，这么做真的是出于关心和爱？还是另一种逃避，让彼此都不用面对生命此刻真正需要克服的挑战？**

爱，不只是付出与占有，必要时，选择放手，是为了让彼此都能成为更完整的人。

第 13 章

不害怕失去，才能真正拥有

任何的改变必然都会有些磨合、适应期，清理的过程总难免会有些磕碰，当你试着把距离拉开时，对方很可能会因为不习惯、被拒绝，而对你生气、指责、疏离、嘲讽等，产生或大或小的情绪反应，进而让你怀疑自己是不是做错了，或是担心被报复或排挤。如果此时你因为太过害怕，又选择讨好、顺从、屈就这些与过往相同的反应，就等于告诉对方这么做能有效控制你，你们的关系将会越来越倾斜、不对等。

追求零负评，常常让自己身心俱疲

有位读者曾问我，她的同事常常移花接木，假借主管的指令把自己的工作推给她，这让她很困扰，她该怎么处理？

我花了一点时间理解她的处境，明确地区分出哪些是她该负的责任，哪些工作必须还给同事。但只要我邀请她把自己的立场说清楚，拒绝不合理的要求时，她就会面有难色地回应："可是……但是……不过……"

到最后我终于搞清楚，令她纠结的点，并非她不清楚怎么回绝同事，而是她不想承受同事被她拒绝后瞬间变脸的尴尬。她问过许多朋友、专家或咨询师同样的问题，企图从别人口中得到一个完美的方法，既可以让她不用再承受同事的骚扰，同时还可以保持热心、慷慨的形象，不会引来任何人的不满或批评。

但这个期待是注定会失望的，因为我们无法控制别人的反应。不论错的是谁，当我们拒绝后，还要对方做出你喜欢的反应，那么我们就和对方一样，都落入了操控别人的陷阱。

我们唯一能做的事情是把自己说清楚，至于对方要怎么反应，那是他的选择，你必须尊重，才能在这段关系中开启新的互动模式。否则，你们只是用不同的手段在勉强对方罢了！

你该花力气追求的不是更多无痛分娩、无缝接轨的沟通技巧，而是好好厘清为何他人的排拒，会对你造成这么大的影响？你究竟在害怕什么？是这个人，还是他背后能满足你的诱因？

也许这位读者的担心，也正是你心中的恐惧，因为不确定对方会怎么响应，会不会给自己摆脸色，而选择默默承受。在你的想象中，关系若有冲突，就等于分裂、断绝，以至于你宁愿守着残缺、痛苦的互动，也不愿意告诉对方自己真实的感受。

表面上，你看起来和善，并努力和大家保持一定的友好关系，但你却不一定对关系有真正的安全感，不相信对方是真心喜欢你，常常会有一个担心是："如果我把真实的想法说出来，对方就会离开我。"从未在关系中，感受到真正的接纳与归属，很难相信即使彼此想法有落差，依然无损于自己在对方心中的价值。

因为害怕失去，紧紧握着，却没有发现手握得越紧，得到的就越少。

通过割舍重建自我概念

清理，某种程度上不只是调整旧有的关系，也是一种重建自我概念的过程。通过一步步的调整，把自己说清楚，慢慢收回对外界的依赖，戒掉从他人口中获取认同的习惯。更重要的是，学会区分出自我与他人的情绪界限，不再把别人的情绪都当成是自己的责任，觉得对方不开心，就是自己的"错"。

因为在清理的过程中，不管你做得再小心，表达得再委婉，对方都有可能会不开心，那不全是你的问题，只代表他也有自己的情绪和失落需要处理。如果你太过在乎他的反应，你就离开了自己的守备位置，会造成更多的失误与漏接。

我们可以理解对方需要一点时间适应新的你，尽量提升自己的沟通能力，减少对方在过程中的误解，但不等于你必须找到十全十美的做法，确保对方能心甘情愿接受，你才能行动。这么做只是把最重要的选择权又拱手让给对方。

割舍，难免会有摩擦，却不必然等于决裂。你可以把对方的质疑或挑战，当成是他对这段关系的重视，因为害怕失去你，也想紧紧抓住你，只是他不懂得用更好的方式留住你。

你可以告诉对方或在心里默默念诵："是的，你可以感觉不开心，决定疏远或表达不满，那是你的权利。而我决定做出改变，是因为我想为自己的生命负责，追求更平衡的互动，我相信这么做会让我们彼此更舒服。如果你愿意跟上，我衷心感谢；如果你决定离开，我由衷祝福。”此时，你的调整与改变，正是最好的示范，什么叫做平等、公平的对待。

鼓励你在进行人际清理时，可以把这段话，写在便利贴上，放在视线最容易接触到的地方，时时提醒自己，为自己撑把伞，坚定地穿越过程中的风雨。

别因为害怕，而先替自己设限。清理，是为了让你们好好了解彼此。如果你从不表达，又怎能冀望别人真正认识你呢？

4

第四部分

开始清理

第 14 章
先清理抢戏的浅社交

英国的演化心理学教授罗宾·邓巴（Robin Dunbar）曾发表了一个著名的研究，名为“邓巴数字”（Dunbar's Number），他发现每一个独立的个人，所建立的社交网络平均最大值为150位，其中能紧密互动的，大概只有5位。

虽然这个理论早在20世纪90年代，网络尚未盛行前就已经被提出，但即便如此，最新的研究报告所得到的数字也还是相去不远（脸书用户平均有155个好友），且真正遇到困难时会寻求帮助的人，只有4位。

为何通信发达的今日，依旧无法突破这个数字？因为

“时间”和“注意力”都是有限的资源，不管我们再怎么用心经营，一天只有24个小时，是任何人都改变不了的事实。此外，任何一段关系要从陌生到熟识，需要历经的过程，同样也是无法快转的，网络只是加快了信息传递的速度，但你仍旧得通过许多实质的事件和互动，才可能好好认识一个人，决定自己是否要信任对方，愿意让对方走进自己的世界多深。

不过，这些社交软件虽然无法扩大我们建立真实关系的数字，但它们却尽责地保留许多曾出现在我们生命中的对象。那些过去毕了业、换了工作，可能就从记忆中消失的名字，现在却原封不动地保存在网络上。这些在真实生活中，已经没有联结或互动的浅社交，如果没有刻意清理，随着生命的前进，累积的账号只会越来越多，瓜分我们的专注力。

唯有你主动整理、盘点这些萍水相逢的社交关系，你才能把珍贵的注意力，放在值得维护的关系上，如此幸福感才有可能降临。忙碌不等于充实，当你能够区辨出什么样的关系和互动最能让你感觉放松与自在，你就会明白割舍并非无情，眷恋也不等于深情，很多时候是“恐惧”与“习惯”，让我们没有进一步地做出改变。

此外，先从外围的关系开始清理起，还有另一个好处是，因为割舍的过程难免会有些疼痛、颠簸，遭遇质疑，让我们以为自己做错事，而想要缩手，恢复原状。这时候，先从外围的关系盘点起，再慢慢进入核心关系，能帮你逐渐熟悉清理的流程，提升信心。更重要的是，通过一次次的筛选、切割，我们也能开始懂得自己的标准、原则、喜好，进而更加认识自己。最后，学习将宝贵的专注力，投入在能让自己持续发挥价值且互动起来是轻松、相互理解的关系里，一起成为更好、更快乐的人。

第一阶段：整理社交网络

根据“邓巴数字”，一个人最多能经营的关系数量是

150个人，而脸书、Line的交友上限却是5000人，几乎是正常人可以承受人数的33倍。难道使用这些工具，真能让我们变得更会交朋友吗？

答案绝对是否定的，社交软件之所以定出如此高的数字，主要仍是为了商业目的。通过好友不停地更新、传送新信息，占据你的注意力，让你可以持续停留在上头，以提升广告效益并刺激消费。同时，改变你接受信息的方式，成为你理解世界的入口，全面影响你的思考、情绪和行为反应。

可使用一段时间后，你是否慢慢发觉：

“浏览朋友的动态信息，消耗你许多时间，而你真正想关注的事情，却被埋没在人海中。”

“常常有一种错觉是，不知道自己的下一步该怎么走，却对别人的动向了若指掌。”

“总觉得别人的人生都过得愉快，只有自己活得乌烟瘴气。”

是时候，整理并过滤信息来源了，通过有意识地管理每天需要接触的人、事、物，从根本上改变你对生活的认知。

找出影响心情的乌云

请花一点时间，打开你手机或计算机中正在使用的社交通讯软件，点开“朋友栏”，看看里面有没有哪些人的发言，常常让你感觉到不舒服，例如：经常分享极端的想法、文章，不停地抱怨，发内容空洞的自拍或感想，会莫名攻击或挑衅他人等等，任何你觉得会影响心情的人，你都可以将他们从你的心理空间移除，不再花心力消化这些信息。

因为你的浏览、留言或点赞，正在提供给他们能量与养分，继续制造让你觉得毫无价值的信息，甚至伤害你的情绪。别让对方的乌云，遮住你世界里的阳光。

移除时，你有两个选择。假如你很确信这段关系不会有任何互动，对方后续的任何反应都不会影响到你，你可以直接按下删除或封锁键，让对方彻底无法再跟你有联系，或得知你的消息。

但如果你只是不喜欢这个人的发言，偶尔仍需要联络，或顾虑对方如果知道你解除朋友关系，会造成你实质的困扰，你可以先选择“取消追踪”。光是这个动作，单方面将对方从自己内心移出，就可以省下你许多浏览、驻足的时间。

同时，记得设定将来任何人想加你为好友，都需要先经过你的同意。避免让过多的关系与信息消耗你的注意力和内在空间。

手机通讯录的整理

不只社交软件上的关系需要整理，手机通讯录也需要定期清理。一些从没打过的电话、只是交换过名片的点头之交，或是很久没有联系的同学、同事、朋友、客户、厂商，将之删除，减少手机内存的负荷。或许有些人会不解，现在储存、云端空间都很方便，容量甚至到无限大，根本用不完，为何要多此一举，做这个动作？况且如果哪一天需要联络该怎么办？

必须承认，这一个动作的心理意义大于实质需要。通讯录名单不像社交软件，会制造许多声响、刺激，消耗你的注意力，**清理的目的比较像是盘点你已拥有的资源，并将注意力留在此刻对你而言，想珍惜维持的关系上**。毕竟，你会拥有对方电话，代表你们生命曾经有过某种程度的交集与来往，还能继续留在你通讯录里的人，应该都是你会想再见面的人，时不时地回顾、检查，也算是一种提醒，记得问候与关怀对方。

至于哪一天若需要联络怎么办，这个问题就像是你舍不得丢弃旧东西，心想总有一天会用到的意思是一样的。那一天，发生的几率是微乎其微的低，而且到那个时候，绝对有别的方法或物品可以取代。不需要占用现在的空间，为一个不确定会不会发生的状况做准备。

重要的不是东西该不该被留下来，而是我们愿不愿意相信自己有能力应付各种变化。

同样的，有些人如果已经从我们生命中淡出，感谢对方的陪伴，是你能为这段关系画上的最美的句点。

与其相濡以沫，不如相忘于江湖。假使有一天还有缘分重新联系，老天爷会留下线索让你们可以继续来往。

第二阶段：清理群组与合作对象

清理完比较外围的关系后，接着你会开始面对一些目前你仍有互动，可是已经造成负担的关系。例如：各式各样的群组（家族、工作、个人兴趣、子女学校的家长群……），每天被各种长辈图、问候图、未经查证的文章、折价券等信息轰炸。

首先可以花一点时间评估是否还要继续留在这些团体中，如果觉得已经没有实质的效益，可以选择退出。但如果仍有些顾虑或责任，如工作组是无法轻易离开，这时就先关闭声音通知，不让外界的干扰打断你生活的节奏，在你觉得行有余力时，再点开处理。

不过由于群组涵盖的人员较多，里头有些人可能是你还在乎或想继续互动的，因此在退出时，你可以简单地说明自己离开的原因，例如想要减少使用手机的时间，并感谢大家过去的陪伴，如果有事需要联络，可以来电联系，之后就直接退出。

理由不用太过详尽，只需要做到通知，你不需要得到任何人的允许才能退出群组。**表达礼貌和感谢，是为了让我们转身的背影优雅从容些，而不是乞求。**提高外界联络你的难度，才能判别哪些事情非你处理不可，或必须让你知悉，而不是无差别的宣传与告知。

辨识出一再耗损能量的猪队友

除了社群朋友外，此时你也可以花一点时间，盘点一下日常生活或工作中，有没有跟哪些人、店家、合作厂商、窗口互动，特别容易让你发火或失控的。

举例来说，迟到是一件最令我难以忍受的事情，因为我觉得绝大多数的行程都可以事先安排好，以便自己可以好整以暇地抵达目的地，假使一个人经常迟到，我就会推测他并不在乎这段关系，既然如此，我也就没有必要再把注意力放在他的身上。

同时，我也发现自己不仅在乎对方是否有时间观念，进一步，对方承诺完成的事项是否如期完成，也会是我评估的焦点。如果互动一段时间后，我发现对方经常更改约定好的协议，找各种理由搪塞，任何的提醒或建议都无效后，我就会慢慢地让对方远离我的生活圈。

或许，你会担心有些事情或关系，不能说断就断，该怎么办？在这样的情况下，我会评估最多让对方影响我的程度、时间、费用为何，也就是说设下一个停损点，而非无止尽地包容，只要一碰触到这个底线，就不再联系。而先前已经付出的心力，就当作是学经验，不再花力气纠结与悔恨，把位子让给下一个更值得的对象。

假使决定权真不在自己手上（如主管交派），我会试着做内部沟通，同时找寻更优秀或有利的合作对象，让主管发现改变是对自己更有利的选择，进而把期待放在更适合的人身上。如果状况还更复杂，内部沟通不仅无效，且已经严重影响你的情绪，可能你需要清理的不是厂商或同事，而是重新去评估这份工作对你的价值。

也就是说，清理不只是让不合适的人离开，也包括了有能力辨识并建立适合自己的关系网络，一旦察觉彼此不合适，就有勇气割舍或置换（详细做法可参考下三章）。

第三阶段：检视实际交流

完成了以上两个步骤后，假如你还有些关系不会出现在手机上（或手机并不是你维系关系的工具），但在现实中你仍会常常想起对方、有实质互动，对方在你心中占据很重要的位置，你可以拿一张纸，把这些人的名字逐一写下。

然后，一一检视你和他们关系的质量，有哪些你会想继续留下？哪些已经造成负担，你想要调整改善，甚至清理？

由外到内、由疏到亲，盘点完一轮后，大体上你的人际关系网络已经被检视过一回。这时，你会发现有些人，你可以很轻易地说再见，但有些人明明让你很痛苦，可是因为各种原因，让你难以割舍。

第四阶段：找出无法割舍的原因，勇敢面对心中恐惧

面对难以割舍的关系时，请仔细思考他们让你觉得困扰的原因为何。特别是你的“害怕”，请诚实地写下你的担心，不管是基于内心的需要，还是外在的依赖。写下来，不等于就一定要跟对方决裂，而是看清楚我们真正需要面

对的心魔为何，那些卡住你的关系，往往都存在着某些你未能满足的需求，是某种渴望的化身，若只是武断地割舍、切割，很可能会造成更多反扑与后遗症。

也就是说，“清”，只是一个启动，让我们知道有状况需要被排除，重要的是后面的“理”。怎么理出个头绪，用逻辑、理性的方式面对，不让问题重蹈覆辙，才更要紧。

清理心理空间的范围，包含任何你觉得：

1. 有压力、有负担的关系。

2. 已经持续一段时间，仍无法解决或消除不舒服的感觉。

3. 你无法忽视，却不知道该怎么处理的关系。

如果你希望生活过得清爽、不纠结，以上这些状态都值得你花一点时间好好探索、清理。很多时候，卡住我们的不一定是外界的事务，而是我们内心的想象。

想是问题，做是解答。无止尽的思考，只会让我们停在情绪的循环中，看不到出口。当你愿意为自己做一个决定的当下，无论决定或大或小，你已在心中种下一个行动的意念，化被动为主动，为自己的相信而努力，而不是等待别人救赎。

唯有你决定生活里只留下合适自己的选项，那些错置的安排，才有机会从你的生命中消失。

第 15 章

改写那些卡住的念头

有时，关系之所以会造成我们的压力，不一定是对方具体提出什么要求，而是我们对自己的期待或对事物的信念，限制住关系的可能。过去很有用的价值观或做法，随着时间的推移，已经不合时宜，我们却没有与时俱进、重新调整，慢慢演变成新的负担，例如：孝顺就是完全听爸妈的话、客户一定是对的要努力让对方满意、和伴侣吵架会破坏感情、无论如何先道歉就对了，等等。

不管脉络的变化，继续坚持信守这些念头，不做任何调整，关系就会出现问题。但不代表这段关系需要被丢弃，只要懂得修剪对关系的杂念，放下让彼此疼痛的期待，相处状况就会改善，不需要每一次都大费周章地切断关系，有时只需要一点微调，就能帮助自己找到舒服的运作状态。

我们可以照着下面四个步骤，好好找出心中那些不合时宜的念头。

一、厘清让自己感到压力的互动模式

我们可能很容易发现关系所带来的痛苦，一想到就觉得有压力，却不一定能说清楚自己究竟卡在哪里。因此，需要你先花一点时间回顾与整理。

请你拿出一张纸，思考以下两个题目：

1. 在你觉得不舒服的关系中，对方说的哪一句话，特别容易踩到你的地雷，让你觉得有压力？例如："干吗那么计较""我以为你很爱我"……

2. 你在内心常对自己说的话，只要一想起这个念头，就觉得很无力？例如："如果拒绝了，是不是就没机会""我不想要被讨厌”……

其实这些小声音就像病毒一般深植于你的大脑，让你常常不假思索做出违反心意的决定。

以第7章子彰的故事为例，他的负担来自于“不想让人失望”，所以只要对方不满意，他就会很紧张，开始想解决方法，想要消除对方的负面情绪。需要静下心，把容易让自己当机的原始码抓出来，才能重新改写，安装新程序，让大脑做出不一样的反应。

二、思考维持这个模式有什么好处

面对痛苦，我们直觉就会想要把它消除，觉得只要不喜欢的事物消失，生活就会变快乐。但这么做，通常只能得到短暂的纾解。因为对大脑来说，并没有所谓好习惯或坏念头之分，只要这件事情还能满足当事人某些需要，它就会被保留。如果你没有厘清痛苦存在的价值，并找到取代的做法，满足因为移除痛苦而空缺的需要，不良的习惯或想法仍会找到缝隙，故态复萌。

换言之，找出困扰我们的信念或小声音后，并不是直接删除或禁止，而是**进一步分析为何这个信念有存在的必要，它曾满足我们什么需要**。

业务员子彰因为不愿意让人失望，所以别人对他的印象，就是能干、负责、与人为善。这帮助他可以很快适应团体生活，受到大家的喜爱，并在高度竞争的环境中生存下来。这样的保护色让他免去许多冲突，不容易被当成箭靶，同时也可能因为不轻易放弃，常常激发出许多潜能，化解许多危机，让他觉得生活充满刺激与变化。

当你静下心，不带预设和评论地一一把自己的念头厘清，我们才有机会看懂习惯运作的路径，找到改变的切入点。

三、找出彼此真心想要满足的需要

信念虽然带来了制约，却也有其存在的价值，两者是相生相息的。有了这一份认识，我们才会知道哪些东西需要被保留，而哪些其实是负担，是可以割舍的。

因为每一个害怕背后，都有一个我们更想要靠近的自己。

一如子彰在要求自己“不可以让人失望”的背后，他真正想得到的其实是“被接纳和认同”，而非不知道如何承接、安慰对方情绪。

同样地，在职场上，当我们因为害怕被忽视，对主管或同事的要求一律来者不拒，其实我们真正想得到的是“被重用”“被肯定”，而不一定是不懂得拒绝。或是在亲近关系里，因为害怕被抛弃，而自愿付出，目的是为了“联结”，而不一定是喜欢牺牲。

明白了这个盼望，我们就能重新改写心中的小声音，让它变成更有力量的语言，放下对自己不合理的期待与要求，不再自我剥夺。

四、用新角度重新设定，取得新平衡

在找到真正的核心渴望后，我们就可以思考满足这个需求有哪些方法，不一定需要用旧信念来驱动我们行动。就像一样要吃饱，可以外食，也可以亲自下厨，假如外头的食物吃腻了，偶尔自己动手做菜，所带来的满足感说不定还更高。只是人很容易被习惯绑架，少了弹性，就看不到其他的可能性。

子彰在了解自己的认真与努力，目的是获得接纳与认同后，他问了自己一个重要的问题："努力达成对方的要求，真的让我赢得对方的喜爱吗？如果我承认不足，对方就远离我，这样的关系是否还值得维护？"

通过一步步厘清，他发现原来"害怕别人失望"的背后，藏着一种隐微的姿态是"讨好"，好像不管谁来，他都得让对方满意。

相信很多人都像子彰一样，非常在乎外界的评价。直到有一天你意识到不管怎么做，都会有人不满意，你才明白这个想法其实是个死胡同，越往里头钻，只会越动弹不得，**你没有义务满足所有人的期望，却唯独漏掉自己**。

外界的认同，就像是冰凉的汽水，刚开始清凉带劲，却会越喝越渴，越渴就越拼命喝，唯有停下来，学会“自我接纳”，才能带给内心真正的平静与满足。

于是子彰才会将“不愿让人失望”的信念，转换成“我有权决定想对谁好”，他依然可以成为一个善解人意的人，喜欢帮助大家，但这些行为并非是基于内心的匮乏，乞求他人的认同。如此，若别人的举止让他不舒服时，他便能选择收回自己的慷慨，从一味迎合到有条件答应，慢慢长出属于自己的界限，做一个善良但有原则的人。

职场是如此，面对家庭我们也能这么做。

停不下来的陀螺

欣扬是个非常孝顺的孩子，由于家境清苦，父亲又沉迷于赌博，所以他一上高中就开始打工。大学毕业后，除了白天正职工作，晚上更是四处兼职赚钱，把所有休息时间榨得一滴不剩。

长期过度工作，让欣扬的健康状况一直很不理想，经常感冒生病，身旁的家人朋友都劝他“赚钱有数，身体要顾”。欣扬理智上知道，可心里就是停不下来，他觉得自己是家里唯一的支柱，没有休息的权利。

尽管他从没怨过任何人，也愿意承担经济重担，可家庭仍成为他生命中不可承受的包袱。慢慢地他回家的时间越来越短，和家人的互动也越来越少。他觉得自己像是关在笼子里的老鼠，每天努力在转轮上奔跑，却哪里都去不了。

一、厘清让自己感到压力的互动模式

在这个实际的案例中，我帮助欣扬厘清他的想法。他发现尽管自己的努力和付出，绝大部分是为了家庭，但造

成他压力的来源并非家人，没人逼他一定要拿钱回家。可欣扬还是无法停下脚步，他察觉到自己每当一安静下来，心里就会产生莫名的恐惧感，紧接着脑中会跑出一个声音："居然敢休息，你以为你时间很多吗？"

这个"必须持续不断工作"的想法，让欣扬感到莫大的压力，觉得自己随时随地处于一种高焦虑的状态，就像是一台失控的跑车，只有油门，没有刹车，没办法减速，连小小的转弯都会造成莫大的危险。持续这样下去，最后要不是油料耗尽，就是撞上其他东西，才能让他停下来。但不论哪一种结果，他都抵达不了自己真正想要去的地方。

二、思考维持这个模式有什么好处

虽然"必须持续不断工作"让欣扬很疲劳，但仔细思考后，欣扬也了解这个信念，让他可以不复制父亲的行为（一个不负责任、逃避、消沉的人）。他完全活出和父亲不一样的特质，认真、勤奋、努力、坚持，并得到许多人的肯定与认同。

这是痛苦，带给他的礼物。

但在欣扬长年的努力累积下，其实已经拥有不少专业和成就，他很清楚自己不可能变成第二个父亲，那为何他还需要紧紧抱着“持续工作”不放呢?

在我的追问下，欣扬慢慢发现那个停不下来的恐惧背后，藏着的更多是对母亲的罪恶感。

因为母亲直到现在不管是炎阳还是酷寒，每天仍需要辛苦地出外做劳力工作，这让他觉得很心疼，愧疚自己没有能力让妈妈过上好日子。所以，在目标还没达成前（买到房子，让妈妈可以退休），他都觉得不能停，否则就是自己错。

这份对母亲的心疼，是他用力奔跑的燃料，只是他没有发现，他跑得越快却离母亲越远。

三、找出彼此真心想要满足的需要

有了这一层了解后，我带着欣扬再回头检视，他想对妈妈好，只能通过买房子、赚到足够的钱、让母亲退休才能完成吗？换到妈妈的角度，她真正在乎的会是什么？什么是现在欣扬就做得到，而妈妈也会很开心的，不用等这么久？

欣扬沉默了一会儿，叹了口气："想来也惭愧，想让妈妈过上好日子，生活快乐一点，但我每天回家都累到没力气理人，跟妈妈说话的口气也不好。加上一直生病也让妈妈很担心，好像本末倒置了。我一直想给妈妈最好的，却忘了问妈妈，什么才是她想要的！"

我点点头，肯定欣扬的孝心，这份善意是需要被看见且接纳的。重要的不是拿掉"过度工作"，因为这对他来说，不仅是成就感和自我概念的来源，更关键的是，这会让他觉得和母亲有联结，是一种回报母亲辛劳的念头和方式。

需要调整的是做法，而不是那份想回馈的心。

找出这个念头背后真正想要达成的目的——让妈妈快乐，改变就一蹴而就了。我不需要阻止欣扬“过度工作”，或说服他这件事情会带给他多大的伤害，我只需要重新改写他对孝顺的定义，许多行动会跟着改变。

四、用新角度重新设定，取得新平衡

在厘清真正的需求后，欣扬表示眼下他可以做得到的是，每天回家后跟妈妈说话时，保持平静的口气，把自己照顾好，不让她担心。把孝顺从原本比较严格的定义“买到房子”，扩大成“让妈妈放心”。

一段时间后，欣扬整个人的气色好多了，忙碌依旧，但他和家人的互动却多了许多笑声，也不再把所有的空当时间都用工作填满。因为他已经了解“买房子”和“让妈妈安心”这两件事情是可以并存的，这想法让他感觉放松，他已经走在孝顺母亲的路上了，慢慢走，总有一天会抵达的，更希望那一天到来时，他和母亲都是健康快乐的。当内在的需要被自己读懂后，他就可以换个方法满足，不需要那么用力过日子和赚钱了。

找到快乐的入口

在多年的实务工作中，我发现带给个案痛苦的习惯背后，往往都藏着珍贵的资源。在清理念头时，关键不在于拿掉令他们困扰的状况，而是陪着他们更深入理解这个痛苦存在的价值，我们可以从中学到什么。

痛苦和幸福不一定是遥远的两端，有时候，只差一个转身，就能找到快乐的入口。

清理不只是拿掉不想要的东西，更是懂得放入会让自己开心的做法。希望这四个步骤能帮助你，舍弃那些让人觉得沉重的限制与信念。

一、厘清让自己感到压力的互动模式

二、思考维持这个模式有什么好处

三、找出彼此真心想要满足的需要

四、用新角度重新设定，取得新平衡

第 16 章

停止磨人的互动

或许有人会觉得清理念头很简单，因为控制权在自己手上，随时想调整都可以进行。可是当状况牵涉到另一个人，特别是有阶级上的落差，或自己非常在乎的人，过程就会变得复杂许多。那些来自外界的期待与要求，常常让人倍感压力，不知该如何回应。

例如：逢年过节一定要带小孩回公婆家、主管经常在临下班前要求加班或开会、夫妻间对于财务的处置与安排……你可能基于尊重、关心、体谅，接受了他们的做法，可久而久之变成一种规定，不执行就会被奚落，似乎错全在你，只要你听话就没事。你开始感到压力，想重新设定规则，可是对方却觉得你变了，指责、抱怨、暴怒，想方设法要把你拉回来，好维持现状。

这些不舒服的互动，就像是掉进鞋子里的小石头，让你每一步都走得很辛苦。但如果仅因为一颗石头就把鞋子丢掉，似乎又太极端了，你很为难，不知该如何是好。

其实，你不用因噎废食，但需要花一点力气才不会被情绪绑架，进一步把整个脉络厘清，找到石头的所在之处，将之移除。要调整互动模式需历经七个步骤，前三个步骤和前一章相似：

一、厘清让自己感到压力的互动模式

二、思考维持这个模式有什么好处

三、找出彼此真心想要满足的需要

接下来的后四个步骤，因为牵涉到另一方，在做法上得更细致。

四、用新角度重新设定，取得新平衡

清理互动模式不只是移除自己不想要的对待，更多时候努力的焦点是“让对方感受到你为了这个改变，愿意付出哪些代价”。当对方觉得我们为他着想，他才可能为我们让步。

这么做还能减轻你的愧疚感，在对方指责你自私时，你有勇气不对号入座，因为你知道唯有付出自己负担得起的爱（责任），关系才不会失衡，变成是一种相互折磨的循环。

五、沟通并拟定时间进程

不过，改变不可能一蹴而就，不论是调整互动模式或设立界限，都不可能发生在真空中，需要当事人具备一定的沟通和谈判能力，才可能圆满达成。

打个比方，假使你想要活得更自在，这个目标就像是要出发去北极，拥有“清理心理空间”或“心理界限”的观念，就像握在手中的指南针，可以为你标定出清楚的方向，不至于迷路。但实际上路后，你还是需要通过不同的交通工具，像是轮船、飞机、直升机、汽车等，才能前进，这时候就需要搭配沟通和协商能力，才能顺利抵达。

沟通时，越希望一步到位，所遇到的抗拒就会越大。缓步推进，让彼此有更多时间适应，反而更容易成功。记得，慢慢来，比较快。

六、设想可能的反应与影响，做好心理准备

在清理旧互动模式时，被告知的一方会生气，防卫是正常的。就像男女朋友分手，即使双方都察觉这段感情走不下去，但被分手的那一方相对于主动提议的人，会经历比较多的冲击与震撼，需要更多时间消化与接受。

你的责任不在于设计出一套完美的做法，让对方心甘情愿接受。他们有权利用自己习惯的方式宣泄情绪，**你唯**

一要做的就是厘清自己的界限并表达清楚，让对方明白你的决定。你的态度越坚决，越不模棱两可，对方就能越快适应。

七、组织自己的应援团

人是群体的动物，当关系有所波动时，很容易就会怀疑自己存在的价值，这时候需要有人当拉拉队，鼓舞自己继续前进。在你意志混乱时，提醒你当初为何要出发；在你被攻击得体无完肤时，给予你力量，相信自己的价值；在你觉得筋疲力尽时，张开双臂，提供你歇息的地方，陪你度过最煎熬的过渡期。

同时，他们也可以扮演一面镜子，提醒你了解自己在这一段关系中的模样与姿态。

通过下边一则案例，你会了解这些步骤在实际生活中该如何执行。

当孝顺成为压力

秀瑾毕业后回到父母居住的县市工作，由于家住郊区，通勤路程太长，因此她想搬到公司附近。一开始爸妈很反对，觉得一个女孩子家住外面不安全。为了让爸妈同意，秀瑾保证会经常回家。

可是问题很快就来了，每到周末妈妈就会夺命连环call，问秀瑾何时到家，要不要一起午餐，今天想吃什么菜，让秀瑾不胜其扰。而且她一定得待满整个假日，到周日晚间才能离开。如果她想提早离开，就得找理由，否则爸妈就会用指责的口吻埋怨她，也因此秀瑾每到星期五压力都特别大。

一、厘清让自己感到压力的互动模式

秀瑾回顾每周回家的流程，她发现和爸妈的互动，在回家吃第一顿饭时，气氛是最融洽的。母亲会开心地分享

生活琐事，偶尔帮父亲解决电子产品的问题，并说说自己的工作状况，感觉到彼此的关心与在乎。

但几个小时过后，母亲会开始唠叨，重复一些无关紧要的小事，或过度关切她的感情状况。为了避免被轰炸，秀瑾吃完饭，就会躲回房间，没有必要，她不会走出房门。直到翌日用完晚餐，才能提着妈妈为她准备的水果离开。

如果她觉得无聊，想提早回家或约朋友出游，妈妈就会带着恐吓的口吻说：“你爸如果睡醒没看见你，一定会很不高兴，拿我出气，最后倒霉的人又是我。”

或是：“对啦！反正朋友比家人重要，你把时间都给外人就好，一星期回来不到一天，也赶着走。你把这个家当什么？”让她心生愧疚，无法转头就走。

通过一步步的分析，原本对这件事只有压力和痛苦的秀瑾，发现自己其实是喜欢回家的，只是她无法接受回家后，就只能被关在房间中，没办法有决定权。她希望能慢慢拿回时间和行动的自主权。

换言之，秀瑾想改变的不是不回家，而是怎么让回家这件事，变成是一种自然愉快的互动，而不是非得要遵守某一种规则不可。

她抗拒的不是爸妈的爱，而是爸妈对于陪伴的定义与想象。

二、思考维持这个模式有什么好处

对秀瑾爸妈来说，每个周末可以看见女儿，即使没有交谈，只是同在一个屋檐下，就会让他们觉得安心，确定女儿平安。而且可以继续为女儿付出，让自己感觉到存在的价值。

对秀瑾来说，平日太忙没空关心爸妈，周末陪他们吃饭，关心一下健康状况，也算是一种回馈。同时回家后，有妈妈在，不用烦恼家务，可以放空、吃美食，也是一件很幸福的事，让她觉得被疼爱。

他们的需要不只互补，并希望对方因为自己的存在而变得更好，而非仅满足个人的需要，变成一种单向的剥夺。这是一件值得庆贺的事，代表这段关系带给当事人的养分大过于伤害，只要能解决眼前的小阻碍，关系仍可以带给彼此许多滋养与快乐。

三、找出彼此真心想要满足的需要

秀瑾试着放下自己的不满，换位到爸妈的角度，重新理解为了维持这个模式，他们需要付出的代价。

秀瑾这才意识到，每个周末为了迎接她回家，爸妈经常婉拒朋友假日的邀约，且不参加长途旅行。而母亲花在采买和料理的时间，也比平常日大，对体力是一大负担，许多吃不完的菜，下一周会继续出现在饭桌上，影响口感和健康，这些都是爸妈付出爱的方法，尽管有些笨拙，却充满了在乎。

看懂了这一点之后，秀瑾明白家人间是否感觉到彼此的重视、关心，以及确认对方是否安全、健康，好好生活、吃饭，是双方都觉得很重要的事情。当这两件事情确认了，时间长短，似乎就不是必然的条件。也就是说，如何保证相处质量，却不用为了陪伴彼此而产生更多牵绊，是她可以努力的方向。

四、用新角度重新设定，取得新平衡

一如秀瑾已经觉察的，回家后的第一顿饭通常是最愉快的，超过这个区间，谈话就会变得有些意兴阑珊，经常是为了避免冷场，说了许多没意义的八卦。因此，她最终的目标是希望爸妈能接受，每周她会固定回家吃一次饭，但不过夜，让彼此都有更大的空间，可以安排自己的时间，不必为了相聚而牺牲其他活动。

同时，她也设立了一个家人间的通讯群组，平日周间有空，她就会向爸妈问好，说明一下自己的近况，让爸妈放心。爸妈若有急事，也可以发消息给她，让她可以从旁协助、照应。

五、沟通并拟定时间进程

秀瑾明白这个变动并不小，需要经过许多沟通和协调，才可能如愿以偿。

因此，她利用刚见面，爸妈心情仍好的时候，和他们分析原有模式所带来的压力，让他们有机会从不同的角度理解旧习惯。接着，她开始提前离开的时间，从星期天的晚餐后，变成吃完午餐，爸爸午睡时离开，再到周日睡醒就出门。一步步拉长她周末不在家的时间，让爸妈渐渐学会安排自己的节目，不再刻意把时间留给她。

最后，她和爸妈达成了新的默契，每一星期回去吃饭一次，吃完就可以离开。假使爸妈要出远门或是她有特别的活动，只要提前告知，都能够得到彼此的谅解，不用再觉得为难。这项改变前后耗时快一年，才终于达成。

秀瑾清楚罗马不是一天造成的，要让爸妈接受新观念，需要时间这帖麻醉剂，太剧烈的变化，很容易引起他们的反弹，把“不习惯”当“不喜欢”，而无法体会新做法为彼此带来的好处。

六、设想可能的反应与影响，做好心理准备

当然，过程不可能只有美好的部分。

秀瑾表示一开始不管她打多少预防针，当她收拾好行李准备离开时，爸妈就会说一些伤人的话 ：“对啦！朋友比家人重要”“你就只把家当旅馆”等，想把她留下来。

可她很清楚这是分离必经的阵痛，假使她一时心软，爸妈就会以为说这些话是有效果的，那么他们将来只会更变本加厉，而无法了解这些话，在她听来心里有多痛。因此，不论前一秒她和父母吵得有多激烈，时间到了，不论爸妈同不同意，她都迈开脚步踏出家门。

她回忆道 ：“好多次，我都是流着眼泪，一路发抖着回家，等到没人时，才放声大哭。”

她不断地提醒自己，有舍才有得，如果她想维持爸妈在自己心中的重要性，不要一碰面就争执、抱怨，她得挺过这段过渡期，学会适度的割舍，拉出空间，才有位置摆放父母的爱。

七、组织自己的应援团

每当秀瑾觉得挫折、有委屈，她就会打电话给闺蜜，要好友陪她聊聊天、发发牢骚，那些无法直接对爸妈说的话，在闺蜜身上都能得到充分的理解。同时，闺蜜也会提醒她再多给父母一点耐心，接受子女已经长大的事实，让她不至于太冲动，做出让自己后悔的事。

不过，并非每一次调整互动模式都需要这么大工程，有时能及早察觉并勇于提出，就能挽回一段难得的友谊。

当友谊因立场而不同

婕妤和书涵是多年的朋友，最近决定一起创业，摆脱朝九晚五的生活，有更大的尝试空间。一开始合作都还算顺利，但最近书涵发现自己越来越害怕跟婕妤开会，理由是每当书涵提出新的构想或企划，婕妤第一时间的响应几乎都是批评 ：“你怎么会没考虑到成本呢？”“那个客户喜欢简单，你设计得这么复杂，是要把客人赶跑吗？”而这些话让她开始对自己产生怀疑。

这让书涵有点担心，不知道这个合作可以持续多久，会不会最后钱没赚到，还赔上多年的友谊。

一、厘清让自己感到压力的互动模式

书涵发现婕妤绝大多数的时间都很好相处，做事也很谨慎、认真，但只要牵涉到新的提案或尝试，婕妤就会变得格外挑剔，不管她事前花了多少时间准备，看在婕妤眼中似乎都不够好，总有地方还需要改进。一而再、再而三的反复打击，让书涵开始对自己失去信心，甚至怀疑自己的存在会不会拖累婕妤。

二、思考维持这个模式有什么好处

书涵明白创业不比上班，所有的成败都需要自己负责，她觉得婕妤的回馈是很好的提醒，帮助她意识到自己可能的盲点，避免一错再错。而且有人一起讨论，也能加快她成长的速度，她确实感觉到自己的能力渐渐在提升。

三、找出彼此真心想要满足的需要

双方都是希望公司好，这一点是毋庸置疑的。书涵也认同婕妤精益求精的态度，只是她希望除了改进的地方，婕妤也能多肯定一下自己的努力，并告诉她哪些部分已经有进步，这会让她对自己更有信心，不会因为太多的挫折而被压垮。

四、用新角度重新设定，取得新平衡

书涵期待婕妤能调整第一时间响应的方式，能先肯定书涵的用心，或设计良好的地方，然后再提出建议或评论，而非只有打击，没有任何一丝鼓励。

五、沟通并拟定时间进程

书涵计划找一个下午茶时间，和婕妤约在咖啡厅，好好表达自己的感受。她不要求婕妤马上改掉爱挑剔的习惯，但每一次提案至少要能讲出一个值得肯定的地方。几个月后，再慢慢练习从批评的态度，转为讨论的语气，一起想办法让案子更好，而非只是一直攻击对方不够好的地方，让书涵觉得自己好像变成婕妤的下属，而不是共同作战的伙伴。

六、设想可能的反应与影响，做好心理准备

书涵有些担心这么回馈会让婕妤觉得太针对，好像在说她不够包容，同时也担心婕妤会以为自己没能力，又爱怪罪他人。但书涵觉得如果关系要长久走下去，有必要告诉婕妤这个习惯会伤害到她们的信任与默契，变成一种隐形的角力，彼此相互伤害。

她想过最差的情况，就是失去这个朋友和合作机会，但如果这种互动不改变，即使忍得过一时，也不可能忍一辈子，迟早都要面对，不如早一点处理，避免伤口恶化到难以收拾。

七、组织自己的应援团

由于和婕妤的合作关系仍在初期，书涵不想让太多共同的朋友知悉两人的摩擦，增加更多不必要的误会。她选择把想说的话写在纸上，借此整理自己的思绪。假使沟通不顺利，她还能把想法打成信件寄给婕妤，让婕妤有机会完整了解她的在乎，尽力缩小彼此的隔阂。

所幸，会谈进行得很顺利，婕妤很讶异自己不自觉的习惯，造成书涵如此大的压力，她承诺会更有意识地调整自己的响应模式，并约定好如果再度发作，书涵可以怎么提醒她，一起帮助她成为更理想的作战伙伴。

关系就是一条蜿蜒且曲折的小径，有时平坦、有时颠簸，起起伏伏的过程难免会有小石头跑进来，让人觉得难受、刺痛。这时候，坚持穿着鞋子是没有办法把石头拿出来的，越努力只会越受挫。

你需要做的是把鞋子脱下来，往地上敲一敲，石头自然会滚到鞋跟处，这么一来你就能轻松地拿走它，不用大费周章地换鞋。

本章提到的七个步骤：

一、厘清让自己感到压力的互动模式

二、思考维持这个模式有什么好处

三、找出彼此真心想要满足的需要

四、用新角度重新设定，取得新平衡

五、沟通并拟定时间进程

六、设想可能的反应与影响，做好心理准备

七、组织自己的应援团

就像是把关系暂时停下来，拉开一点距离，重新推敲、检视彼此的状态，看清楚阻碍彼此的究竟是什么想法或习惯，确认目标后，要清理就容易多了。用心辨识出旧习惯背后隐藏的善意，用新的模式重新打造，找到彼此都能接受的做法，路就能继续携手往下走，走得更远、感受更多。

第 17 章

道别，迎向另一个起点

曾经有一个朋友，他一直放不下一段让他十分受挫的亲子关系，他用尽各种方法，都无法好好与父亲相处，只要父子一碰面就是乌烟瘴气。有一次，父亲生病，他必须贴身看顾，互动一样非常紧绷，只不过这一次他让自己退到观察者的位子，看着父亲是怎么跟医护人员沟通，果不其然，父亲惹毛每一位想帮助他的护理师。

负面情绪是二手烟，离开吸烟室才能找回健康

那一刻朋友突然懂了，他说："如果负面能量是二手

烟，原来我一直被关在吸烟室里，可我偏偏不抽烟。”

从那之后，他终于明白自己是不可能从父亲（一个已经匮乏、枯槁的人）身上，挤出任何一滴爱。懂了这一点之后，他心里就不苦了。也明白，想要重拾健康，他必须先离开吸烟室，唯有自己身体强壮了，才有可能给身旁的人更多的滋养与关怀，让关系变得饱满、温暖，不再把离开和遗弃画上等号。

然而，当他在抽离情绪，站在旁观者的角度来看父亲后，他意识到父亲虽然严谨、挑剔，却也并非一无是处。在某些状况下，父亲一针见血的评论甚至能带给身旁人许多启发。只是他想被满足的部分，是父亲给不出来的，所以他告诉自己何苦要留在错的地方，坚持找到对的答案，为难彼此。从此，当父亲又在批评他的选择时，他不再拼命地捍卫自己，想解释到让父亲理解甚至认同，只是静静地听完或是离开，让对话自然而然结束。

就像有些东西，对你来说是废物，可是对另一个人却是宝物。再好的人都有人会讨厌，再讨厌的人也还是有人爱。割舍，是一种流动，让人与物都有更好的依归，错位的还有机会重新修正。

割舍关系所带来的伤，需要时间复原

任何关系的切割，都和情人告别一样，都会有彷徨、犹豫、害怕、失落、难过、愤怒、惦记等反应。

记得人生第一次准备提离职时，我反复思量许久，很害怕做错决定，放弃一个好的机会，同时对于一直很看重、善待我的长官，也是满满的歉意，觉得自己似乎不该辜负他的栽培，担心自己是不是太自私。

等寄出离职信后，心里就开始预演，被约谈时该怎么回答？如果对方挽留，自己会不会心软？好不容易离职申请正式生效，开心没多久，就开始怀念旧工作的好处，也会怀疑下一份工作能不能同样顺利。

换工作是如此，决定疏远朋友更是纠结。不论是主动拉开距离的那一方，或是被动感知疏远的一方，在意识到关系回不到从前后，感伤和遗憾同样占据所有的心思，只要听到对方的消息，就会像触电般不知该如何反应，会下意识回避所有和对方有关的事物。需要一段时间慢慢地适应，才能重新谈论这个人与这一段关系。

因此在割舍关系时，不管对方是谁，伴侣、手足、同事、朋友、长官、亲人、好友……你若觉得分离带给自己很大的冲击，请允许自己有时间失落或沉淀，别刻意假装坚强。承认心里有伤，才可能停下脚步，为自己包扎，而不是带着伤口进到下一段关系，期待对方有能力修复你过去的伤，消除你复原时的痛。

画下句点，是为了重新开始

当有一天，你意识到自己和对方有无法调和的分歧，适时的分离，给彼此一个冷静的空间，是你能送彼此最后的礼物，让过去的美好还有被珍藏的机会。在这个过程中你会历经七个阶段：

一、确立自己的底线

当关系越紧密，要割舍就不是件容易的事情，总会希望借由某个意外或贵人出现，让彼此的关系有所转圜。也因此很容易一拖再拖，混杂许多情感和需求后，就越来越难清理。

因此，当你意识到不管怎么调整信念、改变互动模式，对方仍旧无法跟上你的脚步，或是他想去的方向和你不同，请你明确地为自己设下一个期限或目标，停止再继续对这段关系有所期盼。

以第6章被男友的爱桎梏住的郁婷为例，她曾在心中默默期待有另一个女人出现，转移男友的注意力，这样她就不用承担分手的压力。但这样的期待她实在无法掌控，而且这么做也只是把问题丢给下一个女人，这种“抓交替”的游戏，让她觉得自己只是侥幸逃离，而不是真的学会割舍。

所以，某次在她发现男友不止一次私自使用她的手机，检查她和朋友的通讯内容，甚至封锁和删除他看不顺眼的对象后，郁婷严肃地告诉男友：“我知道你关心我，我也喜欢有人在乎，但你这么做真的太过分了，我有交朋友的权利，同时我也会拿捏好分寸，不会做让你担心的事情。”

“如果你仍然无法对我有安全感，我们就得考虑分开一阵子。我希望这三个月，当你找不到我时，就静静等我忙完，我一定会给你回电话，不可以拼命轰炸我，如果你真的做不到，我就会搬出去。”

通过清楚地设立界限“不能擅自查看手机，侵犯隐私权”，以及“拥有社交和自由安排行程的权利”，郁婷明白自己想要的不只有联结，还有伴侣的尊重。她不愿意为了稀薄的爱，放弃自己的尊严。

二、拉开物理距离，缩短互动时间

我曾比喻："老关系最大的毛病，就是有老花眼，太靠近反而看不到，必须拉开一点距离，保持一定的空间，才能看见对方的全貌。清楚地意识到对方身上的伤与无能为力，才能放弃索讨。"

不做出改变，持续待在原地，很容易用惯性响应对方，看不到新的角度与可能。当郁婷设下底线后，她不仅拉开了心理距离，也加大了物理距离，进而看清楚自己在关系里的样貌。

她发现过去的自己太依赖男友，把所有的注意力都放在男友身上，和外界的联结变得很少。如果两个人就这么分手，自己也很容易因为孤单、空虚，而再度重回男友的怀抱。她必须有能力安排自己的时间，学会和自己独处，重新建立社交圈，用新的方法满足被关注的需要，不会因为害怕被冷落而轻易找人取暖。

所以虽然郁婷还没搬离和男友合住的套房，但她开始通过充实自己，减少和男友互动的时间，给自己更多的空间，思考眼前的这个人是否能真正带给她幸福。

太靠近，往往会造成许多情绪摩擦与冲突，慢慢拉开距离，才能模拟没有彼此的生活会是什么模样，并让理智有喘息、成长的空间。毕竟关系的清理和物品的收纳不同，太过激烈的切割，有时会造成难以预料的副作用。

三、准备告别

在这个阶段，你需要体认到和对方有关的一切，无论好与坏，都必须暂时放下，接受告别，不只是失去对方，更是和过去某一部分的自己说再见，慢慢改变因对方所建立的各种习惯，才能减缓分离的不适，转身迈向下一个阶段的成长。

除了心理上的调适和预备外，在现实层面上，若关系牵涉到法律或财务议题（如监护权），也需要花一点时间了解相关规定与做法，提早作出安排，预想后续可能的发展，以备不时之需。

郁婷发现自己不管怎么努力，都无法减缓男友的控制欲后，她觉得自己的包容与等待，似乎成了另一种姑息与共犯，她必须忍心切断这份感情，才有可能让男友明白他的行为有多么伤人。

她知道自己必须做好准备，明白那些曾经有过的约定，不会再实现，付出过的信任必须收回来，许多两人间共同的记忆也无法再提起，财务上也需要更独立，不能再仰赖男友的经济援助，才能顺利度过分离的痛。

但也请记得，**做最好的准备，但不用准备到最好，别让拖延绊住你前进的脚步**。只要你了解割舍必然会带来失落，原本两人承担的压力会落到自己身上，需要一段时间重新训练自己的耐受力，不苛求自己一步到位，那么就算是做好足够的心理准备了。

四、好好道别

终于还是走到了这一步，你发现彼此真的不合适，继续互动只会制造更多的纷争与伤害。但真要开口，说出最后的决定，你还是有些迟疑，害怕自己做错决定，更不想被别人以为是不负责任、自私的人。

所以你花了一点时间确认自己的心意，明白双方价值观的差异是无法跨越的鸿沟，到最后选择了割舍，不是不在乎，而是愿意成全对方，不再企图改变彼此，耗费心力在一段无法相互滋养的关系里。

离开，是为了留给自己，也留给对方更大的尊重。因此，请放心，你并非关系的刽子手，你只是不愿意选择继续假装，以为努力可以解决一切的差异。

然而，在说出你的决定“我想要暂时不再联络”“离开，对我们都是比较好的安排”“从此请好好照顾自己，我不会再介入你的生活”“既然关系回不去了，就好好说再见吧”时，你不需要交代所有的细节，**你只要坚定地表达你将采取的行动。**

也许对方会要求你解释，或央求你回心转意，只要你开口，他就愿意改。此时，请深呼吸一口气，好好地表达：“这是我深思熟虑后的决定，我知道你一时间难以接受，但这么做对我们都是比较好的安排，请你谅解。”无论对方怎么反应，你都可以先谢谢对方的心意，然后再重复上一句话，直到对谈结束为止。

切记，道别的目的是放下，而不是制造更多的拉扯。因此，小心自己所选择的言语，不要变成说服对方或批斗大会，来证明自己是对的。**尽可能态度温和、立场坚定地表达你的选择，让对方认识到你的坚决，便是成熟的表现。**

与家人的道别

或许有人会疑惑，家庭关系（如手足、父母）没办法真正切断，这样道别还有意义吗？会不会引起更大的反弹？这部分是有折中做法的。

你可以通过慢慢拉大距离与互动频率，在行为上渐渐从主动变成被动，并在心中默默和对方告别，但不一定要告诉对方："我们从此都不要再联络。"同时，设定清楚的界限，知道自己只愿意为这段关系付出到哪里（例如一起吃年夜饭），一旦超过那条线，你不会再有任何的情绪反应，如此就算是在心中和对方道别。

经营一段关系需要两个人，但只要有任何一方收手，互动就无法延续。你不需要得到对方的同意，就能从关系中撤出，因为当心冷了、门关上了，即使人在，依然咫尺天涯。

五、整理回忆与物品

成长是一个不断放下的过程，放下幻想、放下执念、放下依赖、放下疼痛，然后再继续长大。

一段关系的结束是句点，也是起点，预告下一阶段的来临。

那些过去曾有过的交集与合作，不需要抹灭，因为那都是你生命很重要的一部分，但可以通过整理，将之暂时封存在生活的某一个角落，直到某天再次提起，已经不再有情绪的波动，就是可以解开封印的时机。

几个月后，郁婷搬离男友套房，第一次用自己的名字承租一间雅房，并用心装点成自己想要的风格。同时，利用搬家的机会，将男友曾赠送或相关物品，收到储存箱里，和自己约定一年后再打开箱子，看看要如何处理这些东西，相信到时候不管是送人，还是再拿出来使用，都会比较从容些。并将计算机、手机里的照片，也都打包存储到移动硬盘里，减少翻阅的机会。

在悲伤辅导中，检视一个人是否真正接受死亡的事实，最常使用的判断基准就是当事人是否愿意收拾或处理亲友留下来的遗物。物理空间，常常是我们心里的家的具体展现，当一个人情绪纷扰、思绪杂乱，周围的环境也会跟着凌乱起来。因此，动手清理空间，不仅能安置内在的情感，同时也能通过外在环境的改变，暗示自己新的篇章已经开始。

六、帮助自己度过戒断反应期

根据牛顿第三运动定律，当你施予力量在一件物品上时，同时就会存在另一个相反的作用力。此道理也适用在关系里，只要付出过，松手的那一刻，反作用力所造成的情绪反应是无可避免的，那些怀疑、失落、难过、愤怒……并不是惩罚，而是代表你曾经在乎过，你是一个认真的人。

要让这些反作用力消失，除了通过时间的摩擦力，削弱分离的力道外，你还可以通过重新设定内在语言，协助自己穿越过程的低潮，并借由这个新诠释，不断地提醒自己当初为何会选择割舍。

像郁婷她告诉自己："我不想要再进入一段令人窒息的关系，我得先离更好的自己近一点。"于是她选择重新回到校园，把延宕的学业补上。

正向思考之所以有用，不是勉强自己一定要快乐、开心，而是通过勾勒出某种你想要实现的未来，在心里常常默念着，就像是种下一个重要种子，持续灌溉，总有一天会有收成。

要找出这句对自己有意义的话，可以往以下两个方向思考：

1. 允许自己能够脆弱，找出内心想要被满足的需要是什么。

2. 你想实现什么样的改变？变成什么模样会是你喜欢的自己？

记得除了标示出自己不想要的互动或关系，更要进一步说出具体的期待与内容。例如：别说“我不想要再被管东管西”，请直接说出“我要更大的决定权”。

此外，最好也能组织自己的应援团，通过家人或朋友的陪伴，避免自己陷入情绪的旋涡。

七、走出新天地

借由时空的催化，这段关系将慢慢淡出你的生命。接受彼此不合适当朋友、同事、伴侣，甚至家人，祝福彼此下一段关系旅程会更顺遂。假使对方曾经伤害你太深，你实在做不到祝福，不用勉强自己，你可以放下，但不一定要原谅。

其实，当你不再试图想要改变无法改变的过去，就已经是放下了。放下，不是轻纵对方，而是饶过自己，不再让负面情绪残留的毒素，继续伤害自己的生命。

在割舍关系的初期，你可能会需要经常通过自己设定的内在语言，帮助自己穿越分离的失落。但请不要抗拒对方偶尔会出现在你脑海中，然后生自己的气，禁止自己再度想起。因为你越努力拒绝的东西，它出现在大脑的次数就越多。

真正的遗忘不是告诉自己不要想起，而是允许它用自己的速度退出你的记忆。直到有一天，你发现自己竟然忘记了，就代表你走出新天地了。

看完大家较为熟悉的感情案例后，接着再看另一则复杂的家庭案例。

不负责的手足

绍华有一个哥哥，他从小就好大喜功，总想着一夕致富，不愿脚踏实地工作，经常回老家向爸妈借钱。但等父母年事渐高，需要人看护照料时，哥哥却不见踪影，总推说太忙碌，把照顾父母的重责全都推到绍华身上。

一开始绍华对哥哥仍抱持着一份尊敬，在父母有状况时通知哥哥，希望他前来探望，甚至协助分摊照护的工作。但哥哥的响应，每回都让他失望，即使出现，也都另有所求，常惹父母伤心。这让他对哥哥越来越不谅解。

一、确立自己的底线

一直以来绍华虽对哥哥有许多不满，但为了不让爸妈担心，重要节日时，绍华仍愿意回老家团聚，并对哥哥保持基本的礼貌。可是哥哥在啃完父亲的退休金后，竟把念头动到自己身上，希望爸妈当说客，要绍华拿钱出来投资哥哥的生意，这便已踩到绍华的底线。

这个举动，让绍华意识到如果他不能保护好自己，继续让大哥予取予求，这个家只会更残破不堪，爸妈的晚年会更辛苦。因此，他决定彻底熄灭对哥哥的最后一点情分，断绝手足关系。

二、拉开物理距离，缩短互动时间

在下了这个决定后，绍华封锁了哥哥所有的通信账号，并错开回老家过节的时间，不让哥哥有机会向自己开口借钱，目的是希望通过行动让哥哥明白，两人之间已无任何情分可言。

三、准备告别

绍华不仅顾虑到自己，他还请教律师有什么方法可以避免哥哥掏空爸妈的资产，偷偷变卖老家，或让爸妈在不知情的情况下，变成债务人。并有计划逐步安排爸妈居住得离自己近一些，方便照顾他们。

四、好好道别

由于绍华很早就意识到哥哥性格里的问题，因此对他来说，困难的并不是割舍掉与兄长的关系，而是逢年过节，当爸妈遗憾一家人不能好好团聚时，不因为他们的话而产生愧疚感，觉得自己对兄弟太过计较，或怀疑自己是否有必要做得如此决绝。

对绍华而言，与其说他道别的对象是兄长，不如说是对一个美满、和谐家庭的想象，他知道家人不是自己可以选择的，所以他唯一能做的就是坚守好自己的界限。

五、整理回忆与物品

其实，小时候绍华曾经很崇拜兄长，跟哥哥感情也很好。但进入社会后，兄弟俩的价值观渐行渐远，大小争执亦不断。在先前某一次搬家中，绍华将许多青春期跟着哥哥玩的东西，一次打包、回收或送人，借此告别了自己的青春，并明白从此之后，自己肩头上的责任只会越来越重。

六、帮助自己度过戒断反应期

对绍华来说，割舍掉这段手足关系，他最难消化的情绪，不是悲伤，而是愤怒。特别是当自己工作忙，爸妈又生病时，他难免会觉得不公平，为何只有他一个人在承担这些压力。

可是他转了一个念，告诉自己："若非爸妈当年的栽培，我现在也没能力扛起这么重的责任，能付出其实是好事，意味着我能力好，而且懂得爱人。”想通了这一点，就没有什么过不去的心结。

七、走出新天地

渐渐地，爸妈不在绍华面前提及任何哥哥的事情，并且感谢绍华为家里付出的一切。他们逐渐理解是绍华的坚持，才保住这个家不会支离破碎，并让哥哥学习为自己的行为负责。

绍华不知道将来的关系会怎么变化，哥哥有没有机会浪子回头，但至少他保护好了自己和在乎的人，不被盲目的爱搞得一身伤。如果有那么一天，破镜真能重圆，他相信这个家会更紧密、牢靠。

这七大步骤并非是线性前进，有时候我们会在某些关卡徘徊、拉扯，都是正常的。特别是从未和他人有分离经验的人，会需要多一点时间培养对失落的免疫力，慢慢长出独立和自主。我们不一定要按照他人的脚步前进，请接受自己处理失落的方式，别强迫自己要多快复原或放下，别忘了当初你希望割舍这段关系，不就是想要好好被尊重，唯有你先做到了，别人才有机会跟上。

此外，若你遇到的对象是具有暴力或强烈情绪伤害的人，你还是可以清理这段关系，但在你下定决心执行前，请务必寻求专业协助，才能将伤害降到最低。

好好道别，是你能送给彼此最后的礼物

有人说，生命就是一个不断迈向死亡的过程，从出生的那一刻起，死亡的钟声已经在倒数。这看似残酷的事，其实是为了教会我们珍惜当下，因为没有死亡，活着也不会快乐。

同样的，不论是哪一种关系，从相识的那一刻起，就已经距离分离更近一步。当你懂得告别的真谛，不害怕失去，你才算是真正拥有。

205

道别，迎向另一个起点

关系总有起有落，在意识到无路可进的时候，愿意停下脚步，不再勉强彼此改变，接受他此刻的模样，好好道别，是一种成全，也是一份成熟。这世上没有谁非谁不可，只要你相信自己有建立关系的能力，就不会害怕离开任何人。

5

第五部分

迈向清爽的新人生

第 18 章

展开奇迹般的新生活

当我们决定清除生活中不对的人时，我们拥有的不仅是技巧，更是一种愿意好好面对生命的决心与勇气。许多时候，我们紧紧依附一段关系是因为害怕孤单，却没有想过两个人的寂寞，会比一个人更加寒冷。

害怕，会令人想要控制；恐惧，会让人想要伪装。究竟我们维持一段关系，是出于真心的喜欢，还是基于关系匮乏？这部分得留给你亲自回答。但如果你心里头有那么一丝丝不对劲，知道继续下去不会更好，可又担心离开，不知道会遭遇什么未知的挑战。相信秀英的故事，可以带给你一些力量，明白割舍和清理会带给生活什么不一样的可能。**真正的勇敢，不是挑战那些反对你的人，而是敢质疑自己过去的选择，为自己重新做一次决定，负起所有的责任，当一个真正的大人。**

无法治愈的头痛

“医生，为什么断层扫描显示一切正常，我还是经常头痛，甚至痛到没办法睁开眼？”秀英看着屏幕上的数据，不解地询问医生。

“你的头痛恐怕吃药也不会好。”

“为什么？那该怎么办？”

“我看病这么多年，遇到太多像你这种自律神经失调的病人，除了学会放手，不然好不起来。”

医生的话像个预言打在秀英心里，她不懂为何放手比吃药有用，她又该放掉哪些事情？

这十年来，秀英深受头痛之苦，一发作不只吃不下饭、恶心，胸口更像是有块大石头压住，让她喘不过气来，晚上也难以入眠。但不管多痛、多累，隔日秀英仍会勉强自己赶快醒来，因为每天总有一堆事情等着她去处理。

看完医生，秀英得赶回公司做报表，今天是月底，必须结清货款。可屋漏偏逢连夜雨，老板又临时要她出席一场会议，她不敢拒绝，只好先搁下手中的工作。等她忙完、买好晚饭回到家，已经十点，手上的食物都可以当宵夜吃了。

一踏进门，秀英发现女儿的房门没关，猜测女儿还没睡，想关心刚上国一的女儿能否适应新环境。岂料一推开门，却发现女儿拿着碘酒在擦伤口，肚脐附近的皮肤已经溃烂。秀英非常生气地质问女儿，为何擅自跑去穿洞？不知女儿是为了掩饰做错事的心虚，还是真有满腹委屈，秀英说没两句，女儿便开始顶嘴，一股脑儿地说出对母亲的不满，最后丢下一句："你每天都这么晚回家，你能为我做什么？"她用挑衅的眼神看着秀英，并伸出舌头，原来女儿不只在肚脐上穿洞，舌头里也有两个金属环。

秀英忍下想打女儿的冲动，用力地关上女儿的门，回到自己的房间。那晚她失眠了，躺在床上回想自己是怎么走到今天这步的。

她和先生是长辈介绍的，偶尔利用周末约会，还算聊得来，交往了一年，家人便以年纪为由，催促两人赶快结婚。虽然秀英觉得两人认识还不够深，也对婆媳相处有很大的顾虑，但先生一直保证婚后可以单独住在爸妈家楼上，生活空间是分开来的，也不用天天一起吃饭，只要偶尔下去问安就好，应该不成问题。

但踏进夫家，她才发现这一切不过是幻想。婆婆规定非常多，经常没知会就跑进家里，美其名曰帮秀英做家事，其实是想确定秀英有没有按照自己的方法做事。每逢重大节日，更是梦魇，必须待在厨房做事，完全没有坐下来的机会。

怀了孕，情况也没有改善。老公从小被服侍长大，根本不懂得照顾人。婆婆起先很热心，但一得知是女儿，也就不太搭理，只说："这胎生完，趁年轻赶快再生一个。"秀英很清楚婆婆想要什么，但她害喜非常严重，加上刚升职，一直到生产前一周还在加班，这一切都让她非常害怕，不敢再生。等女儿出生后，她和老公自然而然分床睡了，只维持名义上的夫妻，却从没想过离婚。

秀英突然想起早上医生说的话，她问自己这么多年究竟在坚持什么？她意识到自己总是想把每一个角色都做好，无论是妈妈、太太、员工、主管、媳妇……好像如果没把事情做好，就等于自己是无能的。

对她来说，放手意味着失败，所以她一直撑着，假装自己一切安好。但女儿的话，像是一把刀刺得她好痛，她心想或许医生说的是对的，她必须学会放下，这一切才有改善的可能。秀英开始思考如果要放手，会先从哪一个角色开始？

她脑海中立即浮现"媳妇"二字，可是她很快又摇头，因为她觉得只有离婚，才能摆脱这个角色，但这跟她想给女儿一个完整的家有抵触。后来，她又再问自己："如果不直接放弃，还能做什么？"她想放手一试，测验自己若不再事事毕恭毕敬，世界会不会真的崩塌？

所以她决定天亮后，不跟先生出席家族聚会，要带女儿去医院。果然一早就因为这件事和先生起了争执，但既然决定了，秀英还是坚定地说完后，便离开了。开车的路上，她以为自己会有罪恶感，可是她发现自己的心情很放松，不用坐在餐厅里赔笑，讲一些亲戚间奇怪的八卦，在这些多出来的时间里，她有机会和女儿心平气和地谈话，真正了解她的心思与世界。她发现，这个决定真是太棒了。

神奇的是，那天她的头就真的不痛了。原来身体会告诉她，做什么事情才会快乐。晚上回到家，婆婆也只是碎念了她两句，并没有做出更严厉的反应。她才发现有些时候是她把结果想得太可怕，对方不一定有她以为的强大或凶狠。是自己的沉默，总是勉强、委屈自己，才会让别人一直软土深掘。

隔周上班，老板又一如往常临时交办一堆任务给秀英，而她第一时间仍是按照旧习惯立刻答应下来，可是她到了傍晚又开始头痛。有了上次的经验后，这次她再度停下来问自己：“我为什么不敢拒绝呢？”

一开始，她认定自己是因为“钱”而不敢拒绝。她想替女儿存教育基金，同时也想在工作上挑战自己，可她心中隐隐觉得这些理由都不够强烈。直到某天，老板在开会，突然发飙要开除某位同事时，秀英忽然明白，她努力讨好老板，是因为“害怕失去工作”，因为这么一来，她就必须回家当家庭主妇，每天只能待在家里当太太和媳妇，任人指使。

秀英突然发觉，自己出来工作表面上是为了赚钱、拥有成就感，但更底层的因素其实是“逃避”，她不想面对婚姻里的问题。她把婚姻压力带进工作，想用工作转移自己的注意力，却留给别人剥削她的入口。

看清了这点，她开始调整工作模式，婉拒职责以外的任务以及临时的命令，并试着一步步让老板知道如何跟她互动，才能让工作效率发挥得更好。虽然过程中，两人关系一度紧绷，让秀英很挣扎，是否该回复旧有的默契。但当老板发现新的模式成效反而更好后，也渐渐改变自己的习惯，懂得事前告知。终于，秀英不用再为突发状况疲于奔命。

她开始可以提早回家，甚至准时下班。也因为在家时间变多了，她才察觉到先生下班从婆婆家吃完晚餐上楼后，只会坐在沙发上看政论节目，跟着名嘴一直批评，偶尔看女儿不顺眼，顺道一起炮轰。秀英终于明白，女儿之所以会在身上打洞，是因为她的心早已破了一个大洞，她必须用身体的痛转移心里的伤。

女儿那句“你能为我做什么”是一种求救，也是一份控诉。她原本以为保有婚姻可以让女儿在健全环境中好好长大，但是她因为不愿意面对婆婆，转而投入工作，选择晚归的同时，其实她早已遗弃了女儿，把女儿留在荒芜、没有爱的沙漠里。

秀英很挣扎、想离开，她找女儿讨论，很怕自己的决定太自私。但女儿听完她的担心后，却淡淡地说：

“那些说你自私的人，其实更想从你身上得到好处。”

这句话像一记警钟，打醒了秀英，她不得不承认女儿长大了，甚至比她看得更透彻。秀英鼓起勇气找先生讨论，询问老公搬家的可能，想重新建立一个完整的家。老公得知后觉得没必要，便拖着不处理。无论秀英怎么努力、调整，和老公沟通，他都无动于衷，最后秀英给了一个期限，如果先生还是不面对，她就带女儿离开。

两年后，秀英和先生正式离婚。从那之后，她再也没有头痛过，和女儿的感情也越来越好。那位医生的话，至今仍贴在秀英梳妆台的镜子上，学会放手和割舍，是她人生最重要的一帖药。

清理所带来的骨牌效应

这一切的转变来自秀英意识到，自己多年来怀抱着

“放手意味着失败”“必须尽力扮演好每一种角色”的信念，是让她过得如此不快乐的原因。如果她想要重拾欢乐，她必须打破、改写这个想法，进而开始一连串的行动与重生。当她开始不再用旧观念勒索自己后，身旁的朋友都反映她变得爱笑许多。

原本和女儿紧张的关系，也因为付出真心的关怀，变得亲昵起来。当秀英不再需要用工作把自己和婆家隔开后，她终于可以好好地靠近女儿，不带评价地走进女儿的世界，理解女儿的叛逆究竟想告诉她什么，彼此的信赖才一点一滴建立。在此之前女儿只感觉奶奶的强势和爸爸的冷漠，让妈妈有许多委屈，可是她却无能为力，只好转而寻求同侪的认同与支持。

回到职场上，秀英也因为终于搞懂自己对工作那种又爱又恨的情绪是怎么回事，她才开始长出真正的自信，不会因为害怕失去，而承担过多责任。渐渐地，她发现自己的决策力跟着变好许多，不再优柔寡断，怕自己做错决定。

面对不适任的员工，以前的她，总是会一再容忍，可现在她明白，在不对的地方努力，其实只是耽误双方更多的时间，早一点说清楚，让对方另寻出路，才是对彼此有利的安排。

本来的她，只懂得用退让、顺从、牺牲来赢得他人的肯定，但自从懂得清理不必要的期待与在意后，她找到自己的定位。也许她不是反应最快、想法最多的那一个，可是她的稳定与周全却深受老板的信赖。这样的生存之道，让她可以发挥本来的优势，不用强迫自己变成另一个模样。如此，工作才替她带来真正的成就和满足感。

也因为界限清楚了，下了班，秀英有更多时间可以去学习自己有兴趣的事，建立起规律的运动习惯，并且好好吃饭，不需要再狼吞虎咽或忍受饥饿，身体也更加健康。

秀英发现从前的自己常常活在对“过去的眷恋”和对“未来的不安”之中。

前者，让她常常说服自己：“老板用我这么多年，帮一下忙，也是应该的”“都在一起这么久，也没有什么好计较了”……好让自己看不见那些委屈。

后者，则太强调实质的获得，常常盘算着“下一家公司待遇会比较好吗”“搬离婆家之后，花费会更多，这样比较划算吗”，而非什么才是自己真正的喜欢。

看清楚自己的恐惧和盲点后，现在的她即便仍会受人情和财务压力影响，但靠着一次次的清理，努力让自己回到当下，问自己真正需要的核心为何，不再被多余的关系给绑架。

虽然离婚还是带给她很大的遗憾与伤痛，但回头检视这趟旅程，秀英发现自己无论是亲子关系、职场、身体、心理都变得更健康，也越来越朝向她想要的生活前进。她明白分离就像毕业，即使感伤、流泪，仍值得祝福。

句点，是另一个阶段的开始。

第 19 章
"取"与"舍"的平衡

以往的人们因为物资缺乏，总是舍不得丢弃物品；而现代的人类因为追求新鲜，不停抛弃、更换、购买。这两种做法虽然都有些极端，但还不是最糟糕的情况，最可悲的是留了应该丢弃的，舍了需要保存的。

究竟该如何判断什么该丢，什么该留？关键不在物品，而是我们对自己的认识和对生活的了解。这些年来，有越来越多的书在讨论这个议题，为我们示范另一种看待物品的态度。

可相较于人际关系，我们似乎还停留在储存的阶段。

走进书店，几乎九成以上的书籍，是教我们如何经营、修复、维系关系，很少有书会大张旗鼓地鼓励人们切断关系。因为这违反人的天性，大多数的人还是喜欢被接纳、有归属。割舍，意味着孤单与疏离，所以我们被教导、灌输当关系出现裂痕，一定要努力挽回，才是一个有良知、积极的人，就像上一个时代对勤俭的推崇。

然而，当智能型手机宣告全新的社交时代来临时，我们过往对关系的理解是否还适用？这是一个值得思考的问题，也是我之所以撰写这本书的起心动念，大胆挑战人们对关系的直觉反应。**会不会离开，才能让我们留下自己？敢割舍，对的人才会出现？**

我决定，生活里只留下“对的人”

不过，也许有人会困惑：“那我要怎么知道这个人是‘对’的呢？如果做错决定怎么办？”

这个问题需要你反过来思考，你可能不确定谁才是对的人，但你一定有感觉谁会让你不愉快。然后，好好地问自己，面对心中这份不舒服，你为自己做了什么？当你思考着该不该离开一份不合理的工作、不合适的感情时，没人能跟你保证下一份工作、下一个情人一定比较好，可是如果不离开，你也没有机会看到新的可能。

要让花园拥有茂盛的花草，你必须先腾出空间，种子才进得来；如果不先把错的人请出去，对的人怎么来得了？很多时候，当我们有勇气面对心中的恐惧，为自己出征，做自己生命的英雄，你会发现那些好的发展、快乐的生活，将不再是童话，而是真的可以实现的情节。

或许你可能还会有另一个担心：别人会不会因为你的决定而受伤？你不忍心看到别人因为你的坚决而痛苦为难。但若你照着书中的做法，一步步厘清自己的想法和需要，找出目前对彼此都好的安排后，请收起担心和愧疚，你一定要比对方更坚定，相信穿越眼前的风暴与波折后，就会看见美丽的彩虹。

有一句话是这么说的："不是成功后才去相信，而是先相信才有可能成功。"对方会有怀疑是正常的，如果你不能比对方更加期待改变后的结果，对方又怎么有信心愿意跟随你的脚步做出适当的调整？

要割舍还是修复，取决于你想得到什么

我常常遇到一些人，嚷嚷着要辞职或离婚，但好多年过去了，他依然待在原地不动。可也有另一群人，你很少听他抱怨，但突然有一天，你发现他换工作了，或是结束一段为期不短的感情。而在聊天的过程中，我发现他们很习惯为自己"做决定"，当遇到困境时，他们不太花力气征求别人的同意或保证，而是想清楚自己要的是什么，然后行动。

于是我渐渐发现，一个人成熟与否的指标，就在于他有多么习惯为自己做决定。

当遇到不合理或不舒服的事情，他是待在原地埋怨，

等着别人解决问题，还是主动做出反应，在有限的选择内，创造最能满足自己需要的结果？不同的心理状态，就会产生出不同的行为模式，最后编织出不同的人生境遇。

一个迟迟不敢做决定的人，经常是因为害怕承担结果，只好让拖延，压缩自己生命的空间。但他们忘了，其实不做决定，也是一种决定。这么做，生活会不会变得比较简单，必须由当事人自己回答。

但可以预料的是，自己做选择通常会比较“甘愿”，无论结果好坏，都愿意承担。

所以，书里虽然提到许多清理带来的好处，特别是自由与掌控感，但相对的我们也得承担更多的责任，不能再拉着别人替我们买单。例如：送婆婆去赡养院的小皖，当她没有选择和先生一起扛起婆婆的照护工作时，未来她自己的爸妈需要有人看顾时，她也就无法要求先生提供援助，除非先生自己愿意。

秀英，当她选择离婚、带着女儿搬离，切断和夫家的联结时，她所要面对的财务压力、教养责任，相对的也会比较沉重。

当你选择独立的生活、澎湃的梦想，不让爸妈插手你的人生、工作、感情时，你也得接受将来有天你需要买房、有人帮忙带孩子、当救援投手时，他们是可以冷眼旁观的。

但你必须相信，这么做才是对彼此都好的决定。因为当你能学会真正的独立，他们才能懂得把重点放回自己身上，于是你会明白原来长大，就是深刻地懂了，没有人可以什么都要，却不用付出代价，愿意舍弃，才能够挪出空间，重新获得。

在关系中，“取”与“舍”是同一组出场组件，硬要拆开选购，只会付出更大的代价。深刻地付出后，仍敢放手的人，才是真正心灵自由的人。

当你敢大声宣告“我决定，生活里只留下对的人”那一刻起，你就是一个足够成熟且清楚自己要什么的人。这样的果断与坚定，将使你成为关系的主人，而不是附属品。

不割舍，是因为你还有想得到的

之前在出版《心理界限》时，我遇到一些读者一直跟我抱怨别人对他造成的伤害，但当我建议他可以练习设立界限时，他又有许多"可是""但是"。那时我不解，我以为可能是自己写得不够好、观点不够独特，才会无法说服人行动。

但在创作这本书时，我渐渐懂了，那些人不是不懂界限，而是在比较后，他们内心深处很清楚，留在原有关系中不行动，是可以获得更多好处的，只是表面上自己还没意识或不肯承认，所以持续抱怨。毕竟无人怪罪，是更痛苦的。

不设界限，少了控制权，但多了一份保障或庇护；勇于割舍，没了依赖，却得到更多的可能与空间。

哪一个比较划算，没有标准答案，但唯有你为自己下决定，而不是等着别人替你安排，才是真实的存在。记得

"没有最好的选择，只有对自己的选择负责"，你就不容易因为害怕失败或受伤，而做不出任何行动。

人是变动的，不同的阶段有不同的渴望，重要的不是对方是谁，而是你需要什么。

幸福，就是该割舍的不强求，该维系的努力修复。

愿你我都能越来越掌握取与舍的平衡，并明白缘分不只有一种模样，有时离别，是为了让关系还能活在回忆里，在将来的某一天，有机会再度重逢。

无论是离开，还是留下，你都清楚自己为的是什么。

从容路过的人生

◆ 一本不谈大道理的哲思小书，却能命中你的胆怯与焦虑，直指人际交往、工作态度、审美与消费、爱与衰老的那些“直白真相”。

◆ 日本漫画界元老、漫画原作大师小池一夫82年人生哲学全景呈现。

◆ 高桥留美子（代表作《犬夜叉》）、原哲夫（代表作《北斗神拳》）等漫画大师尊崇的老师。

ISBN：9787515359502
著者：(日）小池一夫
出版社：中国青年出版社
定价：49.90元

你是否正在对抗生活的焦虑？
你是否还在自我蒙蔽、假装努力？
你是否已经准备好做一个“成熟的大人”？
“过了人生的顶点，人不是走向成熟，就是趋于衰弱。”
小池一夫用82年的传奇经历总结出赋能现代人的“成熟指南”，
启发人们正确面对成长与衰老、工作与情感。
本书从人际交往、工作态度、消费与审美、情感表达等多个维度
为普通人解读如何度过畅快而“不辜负”的一生，
为处在人生岔路口的迷茫者挂起一盏暖而明亮的灯。
没错，本书正是写给挣扎着努力生活的你。
愿你坦然成长，勇敢成熟；
愿你懂得人生辛苦，却不惧辛苦，积极感悟。
愿你明白：“这辈子遇到许多艰辛，但那并不是不幸。”